注入思想养分 畅游人生天空

保持完整精神

主编 拾月
编著 曾蕾

图书在版编目（CIP）数据

注入思想养分　畅游人生天空：保持完整精神 / 曾甍编著. -- 北京：现代出版社, 2015.4
ISBN 978-7-5143-3537-8

Ⅰ. ①注… Ⅱ. ①曾… Ⅲ. ①成功心理－青少年读物
Ⅳ. ①B848.4-49

中国版本图书馆 CIP 数据核字(2015)第 067944 号

注入思想养分　畅游人生天空：保持完整精神

主　　编　拾　月
编　　著　曾　甍
责任编辑　王敬一
内文制作　诚美天下文化传播有限公司
出版发行　现代出版社
地　　址　北京市安定门外安华里 504 号
邮　　编　100011
电　　话　(010)64267325
传　　真　(010)64245264
邮　　箱　xiandai@cnpitc.com.cn
网　　址　www.1980xd.com
印　　刷　三河市华晨印务有限公司
开　　本　700mmx1000mm　1/16
印　　张　9
版　　次　2015 年 5 月第 1 版　2021 年 4 月第 3 次印刷
书　　号　ISBN 978-7-5143-3537-8
定　　价　29.80 元

前言

青少年是社会最宝贵的财富，是人类的希望和未来，正所谓“少年强则国强”。正因为如此，大至一个国家、一个民族，小至一个家庭、一个家族，都特别重视青少年的教育问题。希望他们成为社会的中坚，家族的骄傲。一句话，就是希望他们成为成功的人。于国，能成为有用的人才；于家，能成为顶梁柱。不仅仅要学习好，还要有辨别人世间的善、恶、美、丑的能力。在每个人的人生中，除了需要自身的因素之外，还需要拥有感受世界的能力。

宽容、谦虚，能够扩大一个人的朋友圈，不一意孤行，让青少年变得愈加稳重成熟。

真诚力、信任力，能够树立自己的影响力，赢得朋友的支持，更好地去展现自己。

亲和力、亲情力，能够明白人情世故，收获来自故友和亲人的帮助和支持。

友情力、精神力，能够学会珍惜，积极进取，带上快乐去开拓自己的人生。

方法、团结，能够让人少走弯路，众志成城地去凝结前进的力量。

青春，是每一个人最美好的一段时光，也是每个人人格、性格定型的重要阶段，在这个时期，我们需要享受青春的快乐，同时也需要完成自我塑造。通过心理自助，最终从一个小男生、小女生逐渐成长为一个有着健全人格的人，成长为一个对社会、对家庭、对自我有着相对完整认知的人，成长为能够为自己的未来做主的人。这才是一个最充实、最有价值的青春。每个梦想都值得我们认真对待，每个青少年都是未来的希望。在青春之中，我们不仅要有欢乐，同时也要拥有未来！

本丛书是你化解烦恼的“心灵鸡汤”，可以给你增加快乐的心理自助法则；本丛书会让你认识到：掌控心理，方能掌控世界；改变自己，才能改变一切。本丛书还将告诉你：只有实现积极的心理自助，才能收获快乐而充实的青春。

目录

第一篇 不抛弃、不放弃，苦难是人生修炼的最高学府

第二篇 独立自主，没有人可以替代你

第三篇 勤能补拙，通往成功的捷径

目录

第四篇 学会奉献，回报从付出开始

第五篇 主动积极，只有行动才能证明自己

第一篇

不抛弃、不放弃，苦难是人生修炼的最高学府

“路漫漫其修远兮，吾将上下而求索。”屈原的诗包含了整个人生，他提到了苦难，提到了坚持，也提到了修炼。他告诉我们：人生是一条路，路途漫漫，上面没有鲜花铺路，而是布满了荆棘，有些人驻足观望着，有些人扭头离去，而他，愿意上下而求索。毅然选择了前进。那么，我们应该何去何从?

畏惧失败就是毁灭进步

故事话题

春秋时期，吴王阖闾在伍子胥和孙武两位重臣的辅佐下打败了楚国，成了南方霸主。吴国下一个目标是越国。公元前 496 年，越王勾践即位。吴王阖闾趁越国刚刚遭到丧事，就发兵打越国。吴越两国在槜李(今浙江嘉兴西南)，打了一场大战。 吴王阖闾满以为可以打赢，没想到打了个败仗，自己又中箭受了重伤，再加之上了年纪，回到吴国，就咽了气。

吴王阖闾死后，儿子夫差即位。阖闾临死时对夫差说：“不要忘记报越国的仇。”夫差记住这个嘱咐，叫人经常提醒他。他经过宫门，手下的人就扯开了嗓子喊：“夫差！你忘了越王杀你父亲的仇吗？”夫差流着眼泪说：“不，不敢忘。”他叫伍子胥和另一个大臣伯嚭操练兵马，准备攻打越国。

过了两年，吴王夫差亲自率领大军攻打越国。越国也有两个很能干的大夫，一个叫文种，一个叫范蠡。范蠡对勾践说：“吴国练兵快三年了。这回决心报仇，来势凶猛。咱们不如守住城池，不要跟他们作战。”

勾践不同意，也发大军去跟吴国人拼个死活。两国的军队在太湖一带打上了。越军果然大败。越王勾践带了 5000 残兵败将逃到会稽，被吴军围困起来。

吴军就要破城，勾践已经黔驴技穷。他对范蠡说：“我真懊悔没有听你的话，弄到这个地步。现在我该怎么办？”

范蠡说：“没有别的办法，只能求和。”于是勾践派文种到吴王营里去求和。文种在夫差面前把勾践愿意投降的意思说了一遍。吴王夫差想同意，可是伍子胥坚决反对。文种回去后，打听到吴国的伯嚭是个贪财好色的小人，就把一批美女和珍宝，私下送给伯嚭，请伯嚭在夫差面前讲好话。

经过伯嚭在夫差面前一番劝说，吴王夫差不顾伍子胥的反对，答应了越国的求和，但是要勾践亲自到吴国去做人质。文种回去向勾践报告。勾践走投无路，只能答应前往吴国，于是他把国家大事托付给文种，自己带着夫人和范蠡去了吴国。

勾践到了吴国后，夫差让他们夫妇俩住在先王阖闾的坟边的一间石屋里，叫勾践给他喂马。越王妃洗衣做饭，范蠡也跟着做奴仆的工作。夫差每次坐车出去，勾践就给他拉马，为了能回国，勾践什么事都愿意做，有一次夫差得了病，勾践竟然亲自尝了夫差的粪便，还高兴地对夫差说："大王的粪便又酸又干，这是病体将要痊愈的节奏啊。"夫差看到勾践能够做到这样，感动得几乎要落泪。就这样过了两年，夫差认为勾践真心归顺了他，就放勾践回国。

勾践怎么可能会真心归顺呢？他回到越国后，立志报仇雪耻。但是又怕眼前的安逸消磨了志气，忘却了在吴国受到的耻辱，于是他便在吃饭的

地方挂上一个苦胆，每逢吃饭的时候，就先尝一尝苦味，还自己问：“你忘记了在会稽的耻辱吗？”他还把席子撤去，用柴草当作褥子。这就是后来人传诵的“卧薪尝胆”。

勾践决定要使越国富强起来，他亲自参加耕种，叫他的夫人自己织布，来鼓励生产。因为之前越国与吴国交战，壮丁都死在了战场，人口大大减少，于是他制定奖励生育的制度。他叫文种管理国家大事，叫范蠡训练兵马，自己虚心听从别人的意见，救济贫苦的百姓。全国的老百姓都巴不得多加一把劲，好叫这个受欺压的国家改变成为强国。

勾践终于在公元前 482 年等来了机会，趁着吴王夫差率领精兵北上黄池会盟，仅留老弱与太子留守的时候，勾践派遣善于水性的水军 2000 人，训练有素的战士 4 万人，受过良好教育的核心近卫军 6000 人，技术型军官 1000 人攻打吴国。吴军没有任何防备被打得大败，夫差的太子被杀，吴王夫差紧急回国，越国自觉这个时候还没有能力灭吴，于是就与吴国议和。

公元前 478 年，勾践再度率领大军攻打吴国，并围困吴国都城长达 3 年之久，随后又在笠泽一带大败吴军，彻底消灭了吴国最后的抵抗力量。

公元前 473 年，越国灭吴。越王勾践想把吴王夫差流放甬东，给他百户人家，让他住在那里。吴王说：“我老了，不能再侍奉越王。我后悔不听伍子胥之言，让自己陷到这个地步。”于是自杀而死。

故事解析

“越王勾践破吴归”，千百年来一直为人所传诵。勾践坦然面对自己的失败，他卧薪尝胆，忍受别人无法忍受的耻辱；他不怕失败，心中始终憋着一股不服气的火焰，终于找到机会一雪前耻，可以说是“君子报仇，十年不晚”。

如果你不想被失败的浪花打翻，那么请将你自己锻打成一艘船。一艘敢于冲破灾难和厄运冰层的全速挺进的船；一艘能在胜利的欢呼声中保持清醒的船；一艘能够抵御乌云和狂风暴雨的船；一艘能够将目光投向更远的船。

不要怕失败，失败是成功之母，失败是成功之师。从失败那里，你可以学到一般人学不到的东西。假如失败像一场火灾，把你精心培植的事业之林化为灰烬，你也应该坚强些，别气馁，紧握你的信念，在焦土上重新开垦吧。须知，生活的欢乐和幸福，很多时候都源于在焦土之中艰苦的开拓。

不要畏惧失败，畏惧失败就是毁灭进步之路，畏惧失败的勾践永远都是夫差胯下的奴隶。失败是一部启迪人生的教材，它教给你怎样走人生之路。失败，不会是毁灭生活的漩涡，它只是奔向幸福生活路途中的一个绊脚石，它淘汰那些无法忍受失败的弱者，它让强者的幸福看上去更加美妙，让胜利者的成功看起来更具传奇。

故事穿越

在美国，有一位穷困潦倒的年轻人，即使在身上全部的钱加起来都不够买一件像样的西服的时候，仍全心全意地坚持着自己心中的梦想，他想做演员，拍电影，当明星。

当时，好莱坞共有500家电影公司，他逐一数过，并且不止一遍。后来，他又根据自己认真划定的路线与排列好的名单顺序，带着自己写好的量身订做的剧本前去拜访。但第一遍下来，所有的500家电影公司没有一家愿意聘用他。

面对百分之百的拒绝，这位年轻人没有灰心，从最后一家被拒绝的电影公司出来之后，他又从第一家开始，继续他的第二轮拜访与自我推荐。在第二轮的拜访中，500家电影公司依然拒绝了他。

第三轮的拜访结果仍与第二轮相同。这位年轻人咬牙开始他的第四轮拜访，当拜访完第349家后，第350家电影公司的老板破天荒地答应愿意让他留下剧本先看一看。

几天后，年轻人获得通知，请他前去详细商谈。就在这次商谈中，这家公司决定投资开拍这部电影，并请这位年轻人担任自己所写剧本中的男主角。

这部电影名叫《洛奇》。这位年轻人的名字就叫席维斯·史泰龙。现在翻开电影史，这部叫《洛奇》的电影与这个日后红遍全世界的巨星皆榜上有名。

故事微语

在失败面前，表现出愁容、畏惧、恐慌，这可不行。命运将会拍摄你的种种窘态，让你在成功之后回首，为自己的表现感到羞耻。你应该用笑脸来迎接悲惨，用勇气来应付不幸；你应该把理想之火烧得更旺，把希望和探索把握得更紧，让磨难变成一块方砖，磨砺你的思想，打造你的意志。等到你终于走向胜利和成功时，你身上每一块因为失败而造就的伤痕，都将化为无价的闪闪勋章。

心灵箴言

灾祸是一个人的真正试金石。

——[英] 鲍蒙特与弗莱彻

在厄运中满怀希望，在好运中不忘忧虑，这样便能泰然担待祸福。

——[古罗马] 贺拉斯

这世界除了心理上的失败，实际上并不存在什么失败，只要不是一败涂地，你一定会取得胜利的。

——[美] 亨·奥斯汀

困境中要学会忍耐

故事话题

三国后期，诸葛亮第六次出祁山征讨中原，他的主要对手是魏国的司马懿，司马懿文韬武略都不在诸葛亮之下，是诸葛亮的大敌。面对蜀军的连番进攻，司马懿采用坚守不出的态势，他深知从成都出兵至汉中攻打长安，一路上蜀道艰难，山路崎岖，不利于粮草运输，诸葛亮带的部队越多，粮草就越紧张，所以只要坚守不战，等蜀军断粮时，就可以不战而胜。

诸葛亮也知道粮草是个大问题，因此他一直寻求机会与司马懿大军决战，三番五次用计，司马懿都没上当。不管诸葛亮怎么挑逗，司马懿就是闭门不战。于是诸葛亮派人给司马懿送去一套女人服装，并递信说：

“你如果不敢出战，那就应恭敬地跪拜接受投降；如果你羞耻之心还没有泯灭，还有点男子气概的话，便立即批回，定期作战。否则，就请阁下穿上这件我特意为你准备的衣服吧。”

司马懿的手下看后，非常气愤，但司马懿却哈哈大笑，反而把这件衣服穿在身上，并问前来送信的蜀军使者说：“你家丞相可好啊？”

使者回答：“还好。”

司马懿又问：“你家丞相平时忙不忙？一日三餐可吃的好？睡眠可充足否？”

使者回答说：“丞相平时事无巨细，都要亲力亲为；一日只吃一顿中饭；晚上经常熬到深夜才歇息。”

送走使者后，司马懿的部下纷纷请战，司马懿制止了他们，说：“诸葛亮如此拼命，吃得少又睡不好，他就是铁打的身子也熬不住。依我看不必理会他的挑衅，你们谁也不许擅自出战，否则军法处置！”

果然，不久之后诸葛亮因积劳成疾而死，司马懿没伤一兵一将，不战而胜。

故事解析

古人说：“必须能忍受别人不能忍受的触犯和忤逆，才能成就别人难及的事业功名。”其实不论是谁，在人生中总难免身陷逆境，又或者遇上一时无力扭转面临的逆势，那么最好的选择就是暂时忍耐，因为事情总是在不断地变化，现在的忍耐是为将来的发力而蓄力，俗话说：“忍一时风平浪静，退一步海阔天空。”大凡成大事者，都懂得如何在忍耐中等待命运转折的时机。能忍得一时之辱，胜过受一世之痛。

忍耐是一种品质，一种精神。忍耐是在人际交往中，待人宽厚而不睚眦必报；忍耐是在琐碎事情上，礼让大度而不斤斤计较。忍耐是一种成熟，也是一种理智，是在磨难挫折面前坦然豁达而不灰心丧气。它可以带给人生一种力量，这种力量将布满荆刺的道路上铺满鲜花，在艰险莫测的远航中点亮明灯，它让生命的光芒在信念中闪烁。

故事穿越

俄国大文豪托尔斯泰拥有无数崇拜者，他的话甚至被奉为至理名言，而除了名誉、地位，他和他的夫人还共同拥有丰厚的财产和可爱的孩子。看起来，没有任何人的婚姻能比他们更美满的了。

但是托尔斯泰渐渐对自己所谓高尚的写作感到厌恶，他改写小文章，宣传和平，呼吁消灭贫困，还将自己的地产赠送给别人，追求简朴清苦的生活。然而妻子一如既往地挥金如土，追求虚荣奢侈，结交社会名流，并且对丈夫的慷慨和善行十分恼火。托尔斯泰要放弃他的所有版税，她却希望丈夫所写的著作都变成金钱。一旦托尔斯泰反对，她就立即发狂咆哮，在地上打滚，甚至拿出鸦片要吞下去声言自杀，或跑到井边做跳井状威胁丈夫。

有几次托尔斯泰都决定再也不见妻子，可每到这时，妻子会跑过来抱住丈夫的双膝，求他再次朗读50年前在日记中赞美她美貌与他们爱情的语句。托尔斯泰读到那些话，总是会心软。

但是，妻子的依然如故终于让托尔斯泰再也不能忍受。在1910年10月的一个风雪之夜，82岁的托尔斯泰独自离家出走了。11天以后，托尔斯泰患了肝炎，死在一个车站里。

故事微语

忍耐是一种崇高的人生境界，古人云："忍得淡泊养精神，忍得勤劳可余积，忍得语言免是非，忍得争斗消仇冤。"忍耐并非软弱，而是大度；忍耐并非投降，乃是胜利。

花无百日红，人无百日好，任何人都不是完人。审视一下自己，我们就没有理由对周围的一切都那么苛刻，学会忍耐，会让生活更加轻松。忍耐是金子一样宝贵的品德。学会忍耐，我们会少一些浮躁，多一些思考；学会忍耐，我们不会再为那些小事整日烦恼，因为人生有更高的目标。为了这目标我们必须忍耐，因为人生命运的改变，往往只是因为一件小事，忍了，你就赢了，忍不了，你便一败涂地。

心灵箴言

忍耐是一帖利于所有痛苦的膏药。

——[西班牙] 塞万提斯

忍耐之草是苦的，但最终会结出甘甜而柔软的果实。

——[德] 辛姆洛克

坚忍是成功的一大因素。只要在门上敲得够久，够大声，终必会把人唤醒的。

——[美] 朗费罗

走出困境，要从内心突破

故事话题

1882 年 1 月 30 日，富兰克林•罗斯福出生在纽约哈得孙河畔一个显贵的家庭里。命运赐给他的是英俊的容貌、善良的性格和聪明的天赋。

他 14 岁进入著名的格罗顿公学学习，4 年后来到哈佛大学，并于 1901 年加入共和党人俱乐部，开始了自己的政治生涯。也正是这一年，他的堂叔西奥多•罗斯福成了美国历史上最年轻的总统。

罗斯福决心仿效堂叔进入政界，并在 1910 年找到了一鸣惊人的机会。他打算竞选纽约市参议员，但却是以民主党候选人的身份出现。当他把这个决定告诉身为共和党人的总统叔叔时，对方怒而骂道："你这个卑鄙的兔崽子！你这个叛徒……"

但是富兰克林•罗斯福没有改变前进方向。他乘着一辆红色的汽车，每天进行十多次演说，最终当选纽约市参议员。1913 年，威尔逊总统任命他为海军助理部长，他在任 7 年，表现杰出。

1920 年，罗斯福被提名为副总统候选人。虽然此次竞选失败了，但他作为政治新星的光芒却未曾削减。 智慧、干练、胸怀宽广、深孚众望，似乎什么都不能阻挡这个 39 岁的男人迈上政治峰巅的脚步。但是，无情的灾难就在这时降临。

1921 年夏天，罗斯福带全家在坎波贝洛岛休假，在扑灭了一场林火后，他跳进了冰冷的海水，因此患上了脊髓灰质炎症。高烧、疼痛、麻木以及终生残疾的前景，并没有使罗斯福放弃理想和信念，他一直坚持不懈地锻炼，企图恢复行走和站立能力，他用以疗病的佐治亚温泉被众人称之为"笑声震天的地方"。

1924 年，他又拄着双拐重返政坛，并在 1928 年成为纽约州州长。政敌们常用他的残疾来攻击他，这是罗斯福终生都不得不与之搏斗的事情，但是他总能以出色的政绩、卓越的口才与充沛的精力将其变成优势。

首次参加竞选他就通过发言人告诉人们："一个州长不一定是一个杂技演员。我们选他并不是因为他能做前滚翻或后滚翻。他干的是脑力劳动，是想方设法为人民造福。"依靠这样的坚忍和乐观，罗斯福终于在 1933 年以绝对优势击败胡佛，成为美国第 32 届总统。

故事解析

罗斯福总统的奋斗史告诉我们，困境是人生的一部分，没有人会一直一帆风顺，但是你却可以做到摆脱困境，奋发图强。用自己的努力去成就梦想，但首先，你应该让自己的心态平静如海，容纳天下。

其实困境并不算什么，谁还没遇到过困境呢？遇到了困境应该怎么办？怨天尤人、自暴自弃、满腹牢骚，还是像原始人一样祭祀祈祷，指望着天神下凡？当然都不是。遇到困境最简单有效的做法，就是应该清醒地、智慧地去面对困境。只要你肯转变心态，用勇气和激励去勇敢面对，就一定能够走出困境。张海迪说过："面对困境时，你没有别的选择，那就是坚强、坚强、再坚强，慢慢地你就会发现，其实困境就是上帝赐予你的财富。"

困境居然是财富？这听起来似乎有些不理解，但静静地思考，你也许就会领悟其深刻的内涵。一个人如果没有面对困境的勇气，就不会拥有同命运进行搏斗的机会，也就不会懂得如何在坎坷磨砺的经历中求生，更别说在黑夜跋涉中发现自己的潜能，这样的人无法面对艰苦的社会现实，永远只能迷失在自己的美梦中。

面对困境，我们需要勇气，命运是公平的。困境激发了无数人的斗志，也湮没了无数意志软弱的人，就如大浪淘沙，只有经历大风大浪，才能成为骄傲的沙子。

所以，对于困境，如果无法摆脱，就必须学会适应，勇敢面对，将困境当作磨砺自己的基石，一步步走向成功！

故事穿越

《战国策·燕策一》记载：燕国国君燕昭王一心想招揽人才，但很多人认为他仅仅是叶公好龙，不是真的求贤若渴。燕昭王始终寻觅不到治国安邦的英才，整天闷闷不乐。

后来有个智者郭隗给燕昭王讲述了一个故事，大意是：有一国君愿意出千两黄金去购买千里马，然而时间过去了3年，始终没有买到，又过去了3个月，好不容易发现了一匹千里马，当国君派手下带着大量黄金去购买时，马已经死了。可被派出去买马的人却用500两黄金买来一匹死了的千里马。国君生气地说："我要的是活马，你怎么花这么多钱弄一匹死马来呢？"

国君的手下说："你舍得花500两黄金买死马，更何况活马呢？我们这一举动必然会引来天下人为你提供活马。"果然，没过几天，就有几拨人送来了3匹千里马。

讲到这里，郭隗说："你要招揽人才，首先要从招纳我郭隗开始，像我郭隗这种才疏学浅的人都能被国君采用，那些比我本事更强的人，必然会闻风千里迢迢赶来。"

燕昭王采纳了郭槐的建议，拜郭槐为师，为他建造了宫殿，后来没多久就引发了"士争凑燕"的局面。投奔而来的有魏国的军事家乐毅，有齐国的阴阳家邹衍，还有赵国的游说家剧辛等等。落后的燕国一下子便人才济济了。

从此以后一个内乱外祸、满目疮痍的弱国逐渐成为一个富裕兴旺的强国。

故事微语

“盖西伯拘而演《周易》；仲尼厄而作《春秋》；屈原放逐，乃赋《离骚》；左丘失明，厥有《国语》；孙子膑脚，《兵法》修列；不韦迁蜀，世传《吕览》；韩非囚秦，《说难》、《孤愤》；《诗》三百篇，大抵圣贤发愤之所为作也。”司马迁也是如此，才有了恢宏大作《史记》。中国上下五千年，多少的前尘往事归于尘土，只有这些历经磨难的人，用自己的坚韧和顽强诠释生命的意义，用生命写就了壮丽的诗篇。

心灵箴言

在命运的颠沛中，最容易看出一个人的气节。

——[英] 莎士比亚

能使愚蠢的人学会一点东西的，并不是言辞，而是厄运。

——[古希腊] 德谟克利特

天将降大任于是人也，必先苦其心志，劳其筋骨，饿其体肤，空乏其身，行拂乱其所为；所以动心忍性，增益其所不能。

——《孟子》

绝望之时也不可放弃希望

故事话题

贝多芬早在 27 岁时就开始初发听力障碍了。开始是左耳，后来右耳也患疾。随后他的听力逐步衰退。

在他听力衰退的 22 年里，贝多芬曾使用了各式各样的工具来帮助他的听力，包括一些喇叭形的助听器。然而这类助听器对于辨别声音的能力并没有太大的帮助，因此，他就自己设计了一些有一条额带可以固定在头部的喇叭形助听器。有时他还使用一支木质的鼓槌，一端咬在上下牙缝之间，另一端则附在钢琴上，这样声音的振动可以沿着鼓槌而到牙齿再传经头骨入耳内。

但无论用什么设计，都无法阻止他的病情进一步恶化，到了贝多芬 52 岁的时候，他已无法从事演奏和指挥，那时他全聋了。

耳聋对这位天才的音乐家是个致命的打击，因此，他曾经产生过自杀的念头。然而，他那钢铁般的意志终于打消了他的悲观，他说："我要扼住命运的咽喉，决不许它毁灭我！"

贝多芬耳聋以后，学习和创作更加勤奋，对时间也倍加珍惜了。为了让灵感的火花永不熄灭，他每天都要长时间地练习弹琴，弹得多了，手指发热，他就在琴旁的凉水盆里泡一泡接着再弹，不知不觉中，多少个时辰过去了，水撩在地板上积少成多，最后竟从地板缝里漏到了楼下的屋子里！

正是在与命运的顽强搏斗中，贝多芬成功地创作了一曲曲不朽的世界名作。当耳聋逐渐严重时，却正是重要作品的产生之时。《月光奏鸣曲》《第三[英雄]交响曲》《第四交响曲》《热情奏鸣曲》《第五[命运]交响曲》《第六[田园]交响曲》，这些重要的作品几乎都是完成在他那与世俗噪声隔绝的世界里。在绝境中的坚持给贝多芬带来了巨大的回报，而那回报便是永恒的伟大！

故事解析

几百年来，无数学习音乐的人都要在贝多芬的墓碑前鞠上一躬，贝多芬的故事是一个与命运争斗的故事。很多伟人都佩服贝多芬，那是因为他们知道成功本身是多么的不容易，而要想在绝境中还能获得成功，几乎是不可能完成的任务。然而贝多芬却做到了。

贝多芬让人们意识到，苦难并不意味着绝望，而天才也并不意味着永远幸福。在很多时候，人们最出色的工作往往是处于逆境甚至是绝境中做出的，思想上的压力甚至肉体上的痛苦，都可能成为精神上的兴奋剂。

美国曾对 1000 位富翁做抽样调查，结果发现，他们大都出生在普通人的家庭，甚至有一部分少年是在黑人区里度过的。生活有时真的像魔术，会变幻出令人难以置信的结果。苦难并不可怕，可怕的是你没有认识到苦难本身蕴涵着无尽的机遇，在深渊的尽头有可能依旧还是更黑暗的深渊，但也有可能是柳暗花明又一村。如果你认为苦难是一道减法，那么正如你所认为的那样，它将减去你所有的一切，包括生命；但如果你认为它是一道加法甚至乘法，那么演算的结果会让你惊喜。

故事穿越

佩奇·皮特是美国马塞尔大学传播学系的教授。5岁时皮特便失去了97%的视力。虽然将近失明，但他拒绝进入残疾人学校，并争取到了公立学校的就读机会。

在校期间，他是运动好手。他参加棒球队时，担任第一垒，虽然佩奇·皮特几乎失去了视力，但他只凭着垒球在草上呼啸的声音就能设法捕捉低球；这听声辨物的能力甚至让他能够踢上对抗力极强的美式足球，并担任二线拦截；他在读大学和研究生时，经常请同学念书给他听；当他成为大学教授后，又赢得了顶级优秀教授的美誉。其他人并不见得比皮特优秀。

然而有一天，一名冒失的学生问皮特教授，什么是更糟糕的伤残？是失明还是失聪？缺手还是缺腿？抑或其他？当时，问话现场弥漫着一片凝滞且不祥的肃穆。果然皮特勃然大怒，他痛斥这个缺心眼的学生，并严肃地告诉他说：

“这些都不是。了无生气、不负责任、欠缺渴求，才是真正的伤残。在这一课，若我不曾教你什么，但能让你明白与生命密切相关的某些东西，这一课将会是莫大的成功！”

故事微语

在美国阿拉巴马州恩特曾颖镇的公共广场上，矗立着一座高大的纪念碑。碑身正面有这样一行金色大字：深深感谢象鼻虫在繁荣经济方面所做的贡献。这要从一场灾难说起。1910 年，一场特大象鼻虫灾害狂潮般地席卷了阿拉巴马州的棉花田，棉花毁于一旦，棉农们欲哭无泪。他们陷入了深深的绝望之中。

灾后，世世代代种棉花的阿拉巴马人，认识到仅仅种棉花是不行了，于是开始在棉花田里套种玉米、大豆、烟叶等农作物。结果，种多种农作物的经济效益比单纯种棉花要高 4 倍。阿拉巴马州的经济从此走上了繁荣之路，人们的生活也越来越好。当地人们认为经济的繁荣应该归功于那场象鼻虫灾害，于是决定在当初象鼻虫灾害的始发地建立一座纪念碑。这座纪念碑时刻提醒着阿拉巴马人：在山穷水尽的地方，往往就会柳暗花明；绝望的那一刻，往往是希望的开始；而危机的尽头，往往就是转机，只要你愿意拥抱希望。

心灵箴言

卓越的人的一大优点是：在不利和艰难的遭遇里百折不挠。

——[德] 贝多芬

每一种挫折或不利的突变，是带着同样或较大的有利的种子。

——[美] 爱默生

怜悯是一个人遭受厄运而引起的，恐惧是这个遭受厄运的人与我们相似而引起的。

——[古希腊] 亚里士多德

苦难是人生的必修课

故事话题

尼可洛•帕格尼尼是意大利著名小提琴家、作曲家，被人称为“独弦琴上练出来的小提琴家”。他的艺术道路和人生道路坎坷不平。

帕格尼尼3岁学琴，在12岁那年举办了一场音乐会并一举成名，这点燃了他人生的第一盏明灯，引起媒体铺天盖地的报道。帕格尼尼的演奏，曾使帕尔马首席提琴家罗拉惊讶得从病榻上跳下来，木然而立，自觉无颜收他为徒。

但是有谁知道帕格尼尼光鲜背后的苦难呢？在帕格尼尼4岁时，他几乎被一场麻疹和强直性昏厥症送进棺材。7岁时又患上严重的肺炎，治疗中不得不大量放血。但他并没有因此放弃艺术追求，而是用音乐来抚平病痛。

46岁那年，帕格尼尼的牙床突然长满脓疮，不得不拔掉几乎所有的牙齿。等他牙病初愈，又染上可怕的眼疾，从此，幼小的儿子就成了他行路的拐杖。50岁后，关节炎、肠道炎、喉结核等多种疾病疯狂地吞噬着他的生命。后来，帕格尼尼的声带也坏了，只能靠儿子按口型翻译他的思想。

在病魔的折磨之下，帕格尼尼毫无惧色，似乎还觉得自己的苦难还不够深重，还要让“折磨”来得更猛烈些。他长期把自己囚禁起来，每天练琴10—12个钟头，小提琴让他忘记了饥饿和死亡。

最后这位天才的小提琴演奏家只活到57岁，死时口喷鲜血，像是要把终生的苦难都吐出来。但是，上帝给他的苦难好像还没有到头，帕格尼尼死后的尸体也备受磨难，先后被迫搬迁了8次。

故事解析

有人说：“生命是平衡的。”是啊，生命中的苦难越多，被烈火燃烧得越剧烈，那么发出的光芒就越辉煌。帕格尼尼的琴声的魅力来源或许就是如此吧，意大利人传说他被魔鬼暗授妖术，他的琴弦是用情妇的肠子做的，所以才魔力无穷。

帕格尼尼的成就并没有什么窍门，他琴声的美好因为他太了解人生的苦难了，因为人生有时候是那样的痛苦，所以帕格尼尼对于美好的体会才能那样深刻，是苦难造就了他，正如造就贝多芬一样。实际上不光是他，没有人生来能够逃离苦难，因为苦难是人生的必修课。

人生若没有苦难，我们将骄傲得忘记自我；如果人生没有挫折，成功不再会有喜悦与成就感；不经历痛苦的折磨，我们便不会有同情心。不要幻想生活总是那么圆满，生活的四季不可能只有春天。每个人一生都注定要跋涉沟沟坎坎，品尝苦涩与无奈，经历挫折与失意。因为这些苦难，是人生必须经历的一课。

不必害怕苦难，受挫折也无需忧伤。只要心中的信念没有萎缩，你的人生旅途就不会中断。艰难险阻是人生对你的另一种形式的馈赠，荆棘遍布也是对你的意志的磨炼与考验——大海如果缺少了汹涌的巨浪，就会失去其雄浑的壮烈；沙漠如果缺少了狂舞的飞沙，就会失去其肃穆的尊严；如果维纳斯没有断臂，就不会因为残缺美丽而闻名天下。生活如果都是两点一线般的顺利，就会如白开水一样平淡无味。只有酸甜苦辣咸五味俱全才是生活的全部，也只有悲喜哀痛七情六欲全部经历过才算是完整的人生。

故事穿越

没有人能够摆脱苦难，无论是富豪还是乞丐，艺术家还是政客，圣哲还是独裁者。

斯大林出生在格鲁吉亚，他祖祖辈辈都是农奴，没有文化，出身贫寒。父亲维萨里昂·伊凡诺维奇·朱加什维利有点小聪明，学了一门手艺，成了一个鞋匠，与农奴的女儿叶卡捷琳娜成婚。婚后，生了3个孩子，却都因先天不足而不幸夭折了，斯大林是他的第四个孩子。

格鲁吉亚的男人一般都嗜酒如命，斯大林的父亲更是酗酒成性，他把大部分的钱都花在买酒上了，只靠做鞋养活全家非常困难。斯大林的父亲体格健壮，脾气暴躁，斯大林的童年就是在吵闹和贫寒中度过的。

1890年，斯大林的父亲酒后和他人发生争吵，演变成斗殴后，被人用刀子捅死。此时斯大林已经11岁了，这一幕的印象非常深刻，给他幼小的心灵留下非常痛苦的回忆。失去了父亲，斯大林只有和当农奴的母亲相依为命，生活更加清苦。

信教的母亲将斯大林送进教会学校，她相信上帝和神父会保佑他的儿子。年轻的斯大林在这一段时间没有如其母亲所愿，而是读了很多马克思的书，思想发生了很大的变化。1899年，斯大林因宣传马克思主义理论，被教会学校开除。之后，他到观象站找了一份工作。母亲知道此事后，受了很大的打击，她认为是上帝抛弃了她的儿子。她到观象站住了一段时间劝儿子回教会学校去，结果没有成功。

斯大林不可能不了解母亲的这份心。很多年之后，他功成名就，成了前苏联的伟大领袖，但他没有因此在宗教问题上为难母亲。有时候他返回故里看望母亲时，母亲会对他说："真可惜！你没能当上神父。"这是她一生深感遗憾的事。斯大林并不认为这是母亲在拖革命的后腿，反而非常赞许母亲这句话。

斯大林一生给自己取过两个名字，科巴和斯大林。斯大林是他34岁时起的，俄文意思是"钢铁"。科巴在格鲁吉亚传奇故事里，是一个绿林好汉的名字，意思是"不屈不挠的人"。这两个名字都十分恰当地表达了斯大林的性格和特征。

故事微语

微笑着面对生活吧，不要抱怨生活给了你太多的磨难，不要抱怨生活中有太多的曲折，更不要抱怨生活中存在的不公。一旦你走过世间的繁华与喧嚣，阅尽世事，你就会明白，苦难并不是上天在与你作对，苦难是命运用来塑造你完整人生的基石。

心灵箴言

灾难是真理的第一程。

——[英] 拜伦

奇迹多是在厄运中出现的。

——[英] 培根

逆运不就是性格的试金石吗？

——[法] 巴尔扎克

第二篇

独立自主，没有人可以替代你

有的人喜欢追星，有的人只纯粹为金钱而活，有的人根本就不知为什么而活，那是因为很多人并不具备独立的人格，也没有独立的自我，追星族沉浸于其中不能自拔，甚至将自己的生活融入，为他们的明星哭泣或者欢笑。

这些人不能拥有真正的自我，他们的精神为别人的精神所奴役，不具有独立的思维，他们只能被动地接受别人的价值观念，他们虽生活在奴役之中却不知道被奴役，有时并为这种被奴役而快活。为什么不独立自主呢？这个世界上难道还有别人可以替代自己吗?

自立自强，没有人可以替你成长

6 故事话题

有一个1周岁左右的小男孩，被年轻的妈妈牵着小手来到公园的广场前，要上有十几个阶梯的台阶了。小男孩却挣脱开妈妈的手，他要自己爬上去。他用胖胖的小手向上爬，他的妈妈也没有抱他上去的意思。

当爬上两个台阶时，小男孩感到台阶很高，回头瞅一眼妈妈，妈妈没有伸手去扶他的意思，只是眼睛里充满了慈爱和鼓励。小男孩又抬头向上瞅了瞅，他放弃了让妈妈抱的想法，还是手脚并用小心地向上爬。他爬得很吃力，小屁股抬得老高，小脸蛋也累得通红，那身娃娃服也被弄得都是土，小手也脏乎乎的，但他最终爬上去了。

年轻的妈妈这才上前拍拍儿子身上的土，在那通红的小脸蛋上亲了一口。 这个小男孩，就是后来成为美国第16届总统的林肯。他的母亲便是南希•汉克斯。

林肯的父亲是个农民，家境极为贫穷。林肯断断续续地接受正规教育的时间，加起来还不足1年。但林肯从小就养成了热爱知识、追求学问、善良正直和不畏艰难的好品质。他买不起纸和笔，就用木炭在木板上写字，用小木棍在地上练字。他抓紧一切时间看书学习，练习讲演。

林肯失过业，做过工人，当过律师。他从29岁起，开始竞选议员和总统，前后尝试过11次，失败过9次。在他51岁那年，他终于问鼎白宫，并取得了辉煌的业绩，被马克思称之为“全世界的一位英雄”。母亲南希在林肯9岁那年不幸病故。但毫无疑问，她用坚强而伟大的母爱抚养了林肯，使他勇敢而坚定地走向未来。

故事解析

俗话说得好：“唯有自立自强者，才能拥有尊严和财富。”一个国家是如此，一个民族是如此，一个人也是如此。

林肯从小就知道自立自强，在这个世界上，不知道有多少靠依赖他人而生活的人，他们就像那围绕着一棵大树生长的藤条，他们没有自己的生命，他们的生命寄托在大树上，一旦大树不再存在，这些藤条还能存活吗？

之所以会有那么多人心甘情愿去当那“藤条”，是因为人都喜欢安逸舒适的生活，不愿意为了梦想和理想去奋斗，而是得过且过，当一天和尚撞一天钟。

莎士比亚出生于英国一个富商家庭，可他 16 岁就出外打工。给人家当过书童、屠宰场当过学徒、当过兵、做过乡村教师，最后又漂洋过海，到了荷兰、意大利，正是因为有了这样丰富的人生经历，正是这样自立自强的精神，才让他成为不朽的文学巨匠。

居里夫人曾经说过：“路只有靠自己走，才能越走越宽。”那些依赖别人的人，靠别人走出的路不会永远平坦，一旦被依靠的人倒下，这条路也会瞬间崩塌。

故事穿越

有一天，一个小蜗牛问它的妈妈：为什么我们从生下来就要背负这个又硬又重的外壳呢？

妈妈告诉它说："因为我们的身体没有骨骼支撑，只能爬，而且又爬不快，所以用这个壳保护自己呀！"

小蜗牛又问道："毛虫也没有骨骼，爬的也不快，为什么它们没有外壳呢？"

妈妈告诉它说："因为毛虫能变成蝴蝶呀，天空会保护它"。

小蜗牛又问道："可是蚯蚓也没骨骼爬的也不快，它也不会变成蝴蝶，为什么它们也不用外壳保护自己呢？"

妈妈告诉它说："因为蚯蚓会钻土，大地会保护它呀！"

小蜗牛听后很伤心地哭了起来，自言自语地说道："我们真的很可怜，天空不保护我们，大地也不保护我们，真的让我难过。"

妈妈安慰它说："所以我们要有外壳，用来保护我们自己。"

故事微语

中国有句俗话："自己动手，丰衣足食。"只有自立自强，才不会在人生的道路上留下遗憾。自立自强是立身之本，唯有自立自强才能奋发图强。别人是靠不住的，正所谓靠山山倒，靠人人倒，一旦你做到了动心忍性靠自己，你将无所不能。

心灵箴言

天行健，君子以自强不息。

——《易经》

痛苦常使弱者厌世轻生，却使强者更加清醒奋发。

——佚名

有志者，事竟成，破釜沉舟，百二秦关终属楚；苦心人，天不负，卧薪尝胆，三千越甲可吞吴。

——蒲松龄

靠自己成功，命运就在自己的手里

6 故事话题

大卫·洛克菲勒是洛克菲勒家族的第三代，是兄弟中最小的一个，也是最出色能干的一个。他的事业不在石油上，而在大名鼎鼎、位列世界十大银行第六位的曼哈顿银行上。他任该银行执行委员会主席兼总经理以后，使该银行从资金20亿美元上升到资产净值达34亿美元。

1915年，大卫出生于纽约市，当时他家虽已有亿万财产，可孩子们每周只能得到三角的零用钱，同时每人还必须准备一个小账本，按父亲的要求将3角钱的使用去向登记在上面，经检查后，如果使用合理，还能得到奖励。孩子们得到的零用钱随着年龄的增长而增长：十一二岁时，每周能得到1美元，15岁时，每周能得到2美元左右。因此大卫长大后离开家时，已拥有许多账本。

大卫的父亲为了教育孩子从小懂得金钱的价值，故意将孩子们处于经济压力之下。零用钱很有限，如果想多用怎么办？方法只有一个，自己去挣。

大卫很小的时候就知道从家庭杂物中挣钱：捉住阁楼上的老鼠，每只可挣5分钱，而劈柴禾、拔杂草等杂活则按照时间来计算工钱。大卫有一招更绝，他设法取得了为全家擦皮鞋的特许权。然而，他必须在清晨6时以前起床，以便在全家人起床前完成工作，擦一双皮鞋5分钱，一双长统靴1角钱。

大卫在童年时代没有享受过任何超级富豪的生活，他穿着和雇工一样的普通衣服，生活既简单朴素又紧张而快乐。他有一位大学时的同学，是位大手大脚花钱的富家子弟，甚至可以在开口索要之前就能获得他想要的东西。可大卫说：“他是我认识的最不幸的人，他结了三次婚，换了数次工作，永远也不会发挥自己的能力。”

故事解析

回眸历史长河，历史上自强自立的事件有如恒河沙数，而不能自立者留给后人的遗憾也历历在目。三国时期的一代英豪刘玄德，是何等的英雄人物，但他的儿子刘禅，背负着大好的基业却不自强自立，空有世之奇才诸葛亮也无济于事，最终败尽了父之基业，他竟然还乐不思蜀，最后落得一个“扶不起的阿斗”的恶名，何其可悲。

世上多少英雄豪杰，他们的子孙大多数都受父辈的庇护而不自立自强，更有甚至凭其父亲的功劳横行霸道，最终堕落于市井之中者。大浪淘沙，历史遗忘了多少人物，但也记载了不少这样的例子。前车之鉴，后事之师，我们难道不应该靠自己努力而获得成功吗？我们是像刘禅那样做一个败家子；还是像他父亲一样白手起家，开创一番伟业？

时过境迁，面对人生，面对社会，面对工作，一切的未来都需要自己去把握。人一定要靠自己。命运如何眷顾，都不会去怜惜一个不努力的人，更不会去同情一个懒惰的人，没有什么是你应得的，一切都需要自己去努力。谁都不可能一生一世帮你，享受也只不过是过眼云烟，幸福只能靠自己的努力去争取。

故事穿越

有个人在屋檐下躲雨，看见一个和尚正撑伞走过。这人看了一会儿，大吃一惊说："哟，你不就是那个救苦救难的菩萨吗？观音菩萨！好容易遇见你了，你行行好，普度一下众生吧，雨这么大，你带我一段如何？"

观音菩萨说："我在雨里，你在檐下，而檐下无雨，你不需要我度。"

这人立刻跳出檐下，站在雨中："现在我也在雨中了，该度我了吧？"

观音菩萨说："你在雨中，我也在雨中，我不被淋，因为有伞；你被雨淋，因为无伞。所以不是我度自己，而是伞度我。你要想被度，就请自己去找伞吧。"说完便走了。

这人气得不行，第二天便去寺庙里找观音菩萨算账。走进庙里，才发现观音菩萨的像前也有一个人在拜，那个人长得和观音菩萨一模一样，丝毫不差。

这人问："你是昨天那个观音吗？"

那人答道："天底下就一个观音，我正是观音。"

这人又问："你都是观音了，你还来这里干什么啊？"

观音菩萨笑道："我遇到了难事，但我知道，求人不如求己。"

故事微语

无论我们做任何事情，不要只强调环境因素，怨恨“菩萨”或者老天对我们不公平。只要我们有信心，相信自己的力量，我们一定能把握好自己的人生。不靠天，不靠地，一切靠我们自己，让我们做自己的“观音菩萨”。

心灵箴言

不经风雨，长不成大树；不受百炼，难以成钢。

——雷锋

我的最高原则是：不论任何困难，都决不屈服。

——[法] 居里夫人

人生的光荣，不在于永不言败，而在于能够屡败屡起。

——[法] 拿破仑

有主见，敢于说出你的观点

故事话题

英国前首相，被称为“铁娘子”的撒切尔夫人，小时候受到父亲罗伯茨的影响非常深刻，罗伯茨是英国格兰文森小城的一家杂货店主。玛格丽特·撒切尔5岁生日那天，父亲把她叫到跟前，语重心长地说：“孩子，你要记住——凡事要有自己的主见，用自己的大脑来判断事物的是非，千万不要人云亦云啊。这是爸爸赠给你的人生箴言，是爸爸给你的最重要的生日礼物！”

从此，罗伯茨着意把女儿培养成一个坚强独立的孩子，下定决心要塑造她“严谨、准确、注重细节、对正确与错误严格区分”的独立人格。正是因为有了父亲这样一个“人生导师”，玛格丽特才能坚实而骄傲地成长起来。

玛格丽特入学后，她才惊讶地发现她的同学有着比自己更为自由和丰富的生活，劳动、学习和礼拜之外的天地竟然如此广阔和多彩。他们一起在街上游玩，可以做游戏、骑自行车。星期天，他们又去春意盎然的山坡上野餐，一切都是那么诱人。幼小的玛格丽特心里痒痒的，她幻想能有机会与同学们自由自在地玩耍。

有一天，她回家鼓起勇气跟充满威严感的父亲说：“爸爸，我也想去玩。”罗伯茨脸色一沉，说：“你必须有自己的主见！不能因为你的朋友在做某件事情，你就也得去。你要自己决定你该怎么办，不要随波逐流。”见孩子不说话，罗伯茨缓和了语气，继续劝导玛格丽特：“孩子，不是爸爸限制你的自由，而是你应该要有自己的判断力，有自己的思想。现在是你学习知识的大好时光，如果你想和一般人一样，沉迷于游乐，那样一定会一事无成。我相信你有自己的判断力，你自己做决定吧。”

听完父亲的话，小玛格丽特再也不吱声了。父亲的一席话深深地印在了她的脑海里，她想：“是啊，为什么我要学别人呢？我有很多自己的事要做呢。刚买回来的书我还没看完呢。”

罗伯茨经常这样教育女儿，要她拥有自己的主见和理想，特立独行、与众不同最能显示一个人的个性，随波逐流只能使个性的光辉淹没在芸芸众生之中。

故事解析

人要有主见，要学会自己支配自己，不要让别人牵着你的鼻子走。人一旦失去了主见，就像蝴蝶失去了翅膀，猛虎失去了利爪，野驴被套上磨绳一样，只能受别人的支配，而没有自己的世界。

人之所以为人，是因为人拥有着宝贵的灵魂，拥有着不羁的意志，人不是奴隶，人也永远不应该为奴隶，不应是受着鞭子的驱使而劳动的牲口。因为人有着自己的主见，一旦我们失掉了主见，那跟动物又有什么区别呢？

人不但要有主见，而且要敢于说出自己的主见。曾经有一则这样的报道：有一位教授对不同的学生问了同一个问题，分别问他们“0”是什么？小学生们回答是零，初中生们回答是欧，而高中、大学的学生却闭口不答。但当问到幼儿园的小朋友时，小朋友们的回答却各不相同。有的说是皮球，有的说同鸡蛋，有的说是土豆，有的说是地球等等。

为什么大学生不去回答呢？难道他们不知道吗？难道他们没有自己的主见吗？不是，他们受了周围环境的影响，他们的思想被某种看不见的枷锁禁锢住了，没有想象力，没有创造力，也就没有生命力。这是教育的现状，也是教育的悲哀，所以当我们对同一事物得出不同的结论时，请保留自已独到的见解并把它说出来，或许那会是一个很有价值的发现呢！

故事穿越

悟迟禅师学了多年禅，但是一直未悟道。有一天，他请教玄悲禅师：“佛是什么？”玄悲回答：“即心即佛。”悟迟禅师恍然大悟。

开悟后，悟迟离开了玄悲，下山弘扬佛法。玄悲禅师不太放心，心想：“他怎么一下子就开悟了呢？且叫一个人去试试他！”于是派弟子悟能前去试探。

悟能见到悟迟，问道：“师兄，师父说了什么话让你顿悟了？”

悟迟回答：“即心即佛。”

悟能说：“师父现在已经不说‘即心即佛’了！”

悟迟惊奇地问道：“哦！那他现在说什么？”

悟能说：“师父现在常说‘非心非佛’。”

悟迟听了笑道：“这个老和尚，不是存心找我麻烦吗？我还是坚持我的‘即心即佛’吧。”

悟能上山把这事一说，玄悲禅师听完悟能的诉说，叹息地说：“看来悟迟真的是悟道了！”

故事微语

主见犹如是黑暗的夜晚中的照明灯，照亮我们前进的道路，每一个人都应该有自己的主见。但切记主见并不是说我行我素，听不进被人的意见，错了也不接受批评。而是在一个没有定论的问题上，敢于坚持你认为的“真理”，坚持自我，只要自己认为是对的，就不去理会外人的评价，“走自己的路，让别人去说吧。”至于你的路是否是正确的，事物又是否对错，还是留给时间来检验吧。

心灵箴言

自尊自爱，作为一种力求完善的动力，是一切伟大事业的渊源。

——[法] 屠格涅夫

无论是别人在跟前或者自己单独的时候，都不要做一点卑劣的事情：最要紧的是自尊。

——[古希腊] 毕达哥拉斯

任何人都应该有自尊心、自信心、独立性，不然就是奴才。但自尊不是轻人，自信不是自满，独立不是孤立。

—— 徐特立

勇于尝试，不下水的人，永远不会游泳

故事话题

爱迪生可以说是19世纪最伟大的发明家，他的名字和一系列辉煌的成就联系在一起。但是在他的成功背后，其实却经历过许许多多失败的尝试。

据说他在研究电灯的过程中有过上千次失败的记录。

1877年爱迪生开始了改革弧光灯的试验，为了使实验达到满意效果，需要寻找一种能经住2000℃的高温燃烧1000小时以上的灯丝。爱迪生开始了艰苦的寻找过程。他先后做了1600种不同的试验，试用了各种各样的物质。

奋斗了近五六个月，结果发现只有白金比较适合，但是白金比黄金还贵重，用来做灯丝是根本不现实的。后来他全力在碳化上下工夫，仅植物类的碳化试验就达6000多种。他写了200多本笔记，达4万余页。先后共经过3年时间，直到1880年上半年，爱迪生才研制出比较满意的竹丝灯丝。后人在此基础上研制出用钨丝做的灯丝，一直沿用到今天。

故事解析

通过不断的尝试，爱迪生最终获得了巨大的成功，给人类带来了“光明”。这“光明”之光，与其说是电之光，还不如说是勇于尝试的精神之光。其实，我们只要细细想想就会惊奇地发现，他所取得的1000多项成果中，竟没有哪一项不是不断尝试的结晶。“一次尝试，就有一次收获”，他的这句话正道出了他的成功的秘诀。

任何一个有成就的人，都有过勇于尝试的经历。尝试也就是探索，没有探索就没有创新，没有创新就不会有成就。所以说，成功人生自尝试始。

尝试并不光要有好奇心和自信心，还要有坚韧的意志和无以伦比的勇气。每当开始做一件事情，我们都不知道面临的困难有多大，会有多少不可料及的事情发生，这就需要有强大的自信心，相信自己有能力克服困难，战胜挫折。爱迪生的事例已经充分证明了这一点，因为没有勇气和自信，成功是绝对没有可能试出来的。

尝试最大的敌人是半途而废。人们信奉这样一句话：在一万次试验之后的那一次可能就是成功。这一万次，就是一万次的失败。成功躲藏在无数次失败之后。那些哀叹着必定失败的人，往往是做事半途而废、浅尝辄止的人。

人们很容易就把尝试理解为偶尔尝尝，这是完全错误的，尝试有时候需要人们付出的，是毕生的精力和心血。我国伟大的科学家张衡就为天文学奋斗了一生。通过长期的观察和研究，他得出月亮本身是不发光的，而是受太阳的照射才发光，以及月蚀系入地影所生的结论。他还根据地球在天空中运行的规律，解释了冬天日短夜长、夏天日长夜短的现象。之后他又发明了世界上第一架测定地震的仪器——地动仪。如果没有用一生来做一个尝试，是不可能有如此辉煌成就的。

故事穿越

在烈日下，一群饥渴的鳄鱼陷身于水源快要断绝的池塘中。面对这种情形，只有一只小鳄鱼起身离开了池塘，它尝试着去寻找新的生存的绿洲。塘中之水愈来愈少，最强壮的鳄鱼开始不断地吞噬身边的同类，苟且幸存的鳄鱼看来是难逃被吞食的命运，然而却不见有鳄鱼离开。池塘似乎完全干涸了，唯一的大鳄鱼也耐不住饥渴而死去了。然而，那只勇敢的小鳄鱼呢，它经过多天的跋涉，幸运的它竟然没死在半途中，而是在干旱的大地上，找到了一处水草丰美的绿洲。

故事微语

尝试是开拓，尝试也是进取，地上本没有路，走的人多了，也便成了路。正是那些敢于“第一个吃螃蟹的人”，他们为了人类在未来的道路上披荆斩棘。

并非只有科学发明才需要大胆地尝试，任何一个领域都需要人们去大胆尝试。人并非只要靠成就才能彰显自身的价值，尝试也能体现自身价值。经过尝试，我们发现自己的潜能，经过尝试，我们发现生命中潜藏着许多连自己也无法想象的能力。如果不去尝试，这些能力永远也没有机会大放异彩。如果不去尝试，我们无法铸造卓越的人生。

心灵箴言

纸上得来终觉浅，绝知此事要躬行。

——陆游

本来无望的事，大胆尝试，往往能成功。

——[英] 莎士比亚

一个尝试错误的人生比无所事事的人生更荣耀，并且有意义。

——[爱尔兰] 萧伯纳

若失去了勇气，就等于把一切都丢掉了

故事话题

2005 年 9 月，艾米丽遭遇了一场严重车祸，从死亡线上挣扎着活下来的她左耳失聪，长期不能站立、行走。虽然只能躺在病床上，但艾米丽爱美的心始终如一，她每天都收看一档化妆类节目。节目中的美容师教观众 DIY（自己动手做的意思）化妆品，艾米丽很感兴趣。一次偶然机会，她发现有媒体报道一些大型化工厂推出小包装的化妆品原料及瓶罐工具供普通消费者选购。艾米丽眼前一亮，她感到这其中蕴含着巨大的商机。

艾米丽的哥哥在广州开办了一家化妆品厂。2006 年，艾米丽刚恢复行走能力，就南下广州，每天泡在哥哥工厂的实验室里学习，对化妆品的原料、工艺、成分一样样地悉心研究。哥哥对妹妹的想法并不知情，开玩笑地说："我猜你是想来我的工厂做检验员吧？"

妹妹回答说："我想经营 DIY 化妆品，这种经营模式可以让普通消费者自己选择配方，并亲身参与到化妆品的制作过程中，不但省钱，用着放心，还可以体验乐趣……"话没说完，就遭到哥哥的反对。哥哥认为，依据自己的经验，这种模式运作缓慢，不如做品牌货短期就可盈利。

虽然哥哥反对，但艾米丽仍没放弃创业的信念和勇气。她潜心学习，获得了国际认可的化妆品调配师资格认定。之后，她又将想法告诉和哥哥一起办厂的嫂子，得到嫂子支持。嫂子暗地将哥哥这些年办厂的社会关系介绍给艾米丽，引荐大型原料供应商给她。一些供应商很认可艾米丽的才干，提出请他做地区代理商，但创业的信念又一次让这个坚强的女人说"不"。

"虽然我意识到成功率很低，但当时我只抱着一个想法，不尝试就等于放弃成功！"艾米丽说。

最终艾米丽怀揣着梦想回到老家，终于在 2007 年 7 月，她注册成立了自己的公司，在一间 10 平方米的小屋里放满货架，正式开始经营。

故事解析

生活中，我们需要成功带来的喜悦，需要挫折痛苦让我们成长，需要欢声笑语使我们轻松，但我们最需要的，是奔向前方的勇气。

我们需要勇气，因为我们在面对恐惧和困境时，内心的消极情绪会将我们吞噬，让我们失去希望，丧失战斗力。没有了精神支柱，也就没有了自信。让我们觉得生活失去了意义，就像史泰龙那样，我们亟需勇气的注入，却往往找不到它，当我们从自身遍寻勇气时，常常觉得空无一物，四肢无力。

然而勇气一直都在，它存在于自然所遍布的任何场景之中，只是我们没有发现它。想一想，野草从地砖的缝隙之中破土而出，那柔弱的身躯突破钢铁般的混凝土地面，是何等的勇气！那是求生的意念，不放弃一点儿生存的机会；那是无畏的信念，对抗命运的牢笼。

古希腊联军横渡海峡木马围城，是为了荣誉而战；斯巴达克斯打破镣铐血战卡普亚，是为了自由而战，但归根结底，是勇气为他们而战。一旦你拥有了勇气，你定能披荆斩棘，无往不胜。

故事穿越

为了进军咖啡业，美国20世纪80年代最负盛名的连锁餐厅——加州扒房的总裁雷诺兹和比萨饼店的总裁戴比，分别派出商业密探，去调查对方公司对经营咖啡店的真实意图。密探调查的结果很快反馈到了两位总裁的手里，对方都是全美最有实力开发并经营咖啡店的公司，而且此次对咖啡店的开发均是志在必得。

大家都很强，谁也不肯让步，面对僵局，两家公司的总裁犹豫了。如果双方都出巨资打造咖啡店抢占同一市场，很可能两败俱伤，后果不堪设想，于是，加州扒房和比萨饼店双双告退。

结果，谁也没有想到，一家名叫星巴克的咖啡店，以惊人的速度抢占了市场，遍布全美。时至今日，星巴克公司是北美地区一流的精制咖啡的零售商、烘烤商及一流品牌的拥有者。它的扩张速度让《财富》《福布斯》等顶级刊物津津乐道，仅仅10多年时间，就从小作坊变成在全球拥有5000多家连锁店的大企业。

星巴克的成功让加州扒房和比萨饼店后悔莫及。

故事微语

许多人都说，星巴克从名不见经传的小咖啡店，到如今遍布世界的咖啡巨头，他的成功是夹在那两家著名的大公司中间捡了个大便宜，实际上，就算是个便宜，很多时候也需要极大的勇气去捡。

试想，星巴克成立的时候，并不知道加州扒房和比萨饼店要退出咖啡连锁的竞争，如果说加州扒房和比萨饼店面对的，仅仅是对方一家的实力；而星巴克所要面对的，却是这两家，星巴克的创立者只有鼓起勇气面对挑战，最终收获了成功。

俗话说，狭路相逢勇者胜，它的成功完全取决于一种勇气。当市场的美好前景已被众所周知，当许多有实力的公司还在犹豫不决的时候，那么胜利就掌握在那个敢于出击的人的手中。

心灵箴言

勇敢是人类美德的高峰。

——[俄] 普希金

在全部的美德之中，最强大、最慷慨、最自豪的，是真正的勇敢。

——[法] 蒙田

你若失去了财产——你只失去了一点；你若失去了荣誉——你就丢掉了许多；你若失去了勇敢——你就把一切都丢掉了。

——[德] 歌德

第三篇

勤能补拙，通往成功的捷径

华罗庚有句名言：“勤能补拙是良训，一分辛劳一分才。”

朋友，不要为你平凡的天赋而悲伤，也不要为你的天才而骄傲，成功路上勤奋最重要，只要肯在“勤”字上下功夫，朝着美好的目标坚持走下去，终有一天，你会打造属于自己的传奇。

懒惰让身体锈迹斑斑

故事话题

战国七雄中，秦国仗着强盛不断发兵进攻邻国，占领了大片城池，其它六国都很害怕，当时有个叫苏秦的人，他提出“合纵”抗秦，意思是六国联合起来共同抗秦。因为六国位置是纵贯南北，南北为纵，所以称为“合纵”。六国听从了苏秦的意见，让他当了六国的宰相，负责合纵事宜。

苏秦并非生来就这么有才，他能有这样的成就，跟他的勤奋是分不开的。他本是洛阳人。洛阳是当时周天子的都城。他很想有所作为，于是求见周天子，却没有引见之路，一气之下，变卖了家产到别的国家找出路去了。但是他东奔西跑了好几年，也没做成官。后来钱用光了，衣服也穿破了，只好回家。

家里人看到他趿拉着草鞋，挑副破担子，一付狼狈样。他父母狠狠地骂了他一顿；他妻子坐在织机上织帛，连看也没看他一眼；他求嫂子给他做饭吃，嫂子不理他扭身走开了。

苏秦受了很大刺激，决心争一口气。从此以后，他发愤读书，钻研兵法，天天到深夜。有时候读书读到半夜，又累又困 ，他就用锥子扎自己的大腿， 虽然很疼，但精神却来了，他就接着读下去。后来人们说的“头悬梁，锥刺股”中的后半句，就是来自于苏秦的经历。就这样用了一年多的功夫，苏秦学有大成，于是开始周游列国，兜售“合纵”的思想。

故事解析

懒惰是一个人成功的最大的障碍，而勤奋是一个人成功的本质。

有位哲人曾经说过：“懒惰等于把人活埋。”懒惰腐蚀着生活，它终将带来死亡。西谚也有云：“黄金随潮水流来，也要你早起去捞起它。”然而懒惰又是人的本性，人的骨子里都有懒惰的因子，只是有些人知道自己要做什么，该怎么做，并且有了行动，他们能够克服懒惰，因为他们对自己有着高度的管束。

多一点对自己的约束，成功就多一点机会；多一点对自己的管束，明天就多一缕阳光。找出懒惰在自己身上的主要表现和成因，下决心克服安于享受的思想，培养坚毅的品格，让懒惰无处藏身。克服懒惰，就要对自己负责，不要指责环境，也不要埋怨他人。

在我们的现实生活中，多数人天生是懒惰的，他们大部分没有雄心壮志和负责精神，宁可期望别人来领导和指挥，也不肯努力奋斗。有些人呢，本来有着宏大的目标，却缺乏执行的勇气。最后被懒惰吞尽了雄心壮志，一生碌碌无为。

还有很多人认为，自己只是在学习工作的时候懒惰，平时玩起来可不懒惰。他们不知道，学习工作时虚度光阴，伤害的不只是你的家人和雇主，伤害更深的其实还是你自己。一些人花费很多精力来逃避学习和工作，却不愿花相同的精力努力完成它们。他们自以为欺骗的是老师和家长，其实他们愚弄的最终却是自己。

故事穿越

很久以前，挪威人从深海捕捞的沙丁鱼，总是还没到达岸边就已经口吐白沫，渔民们想了无数的办法，想让沙丁鱼活着上岸，但都失败了。

然而，有一条渔船总能带着活鱼上岸，因此他们带来的活鱼自然比死鱼的价格贵出好几倍。

这是为什么呢？这条船又有什么秘密呢？

原来，沙丁鱼之所以坚持不到岸边，是因为沙丁鱼太“懒”了，缺乏求生的欲望，而这艘渔船的水手们想了一个法子让沙丁鱼忙起来，他们在沙丁鱼槽里放进了鲇鱼。

鲇鱼是沙丁鱼的天敌，当鱼槽里同时放有沙丁鱼和鲇鱼时，鲇鱼出于天性会不断地追逐沙丁鱼。在鲇鱼的追逐下，沙丁鱼拼命游动，激发了其内部的活力，从而活了下来。

这就是“鲇鱼效应”的由来。

故事微语

对渴望成功的人来说，懒惰也比任何东西更具破坏性。在这个世界上，懒惰与贫困是难兄难弟。因为懒惰，所以贫穷；因为贫穷，所以容易懒惰，互为因果。所以人如果想改变命运、改变贫困，必须舍弃懒惰，要勤劳精进。

所谓“春天不下种，何望秋来收？”不播种，如何有收成；不劳动，如何有成就？一个懒惰懈怠的人，即使才华过人，也永远用不到自己的财富，如此辜负天生我才，不是很可悲吗？

心灵箴言

懒惰没有牙齿，但却可以吞噬人的智慧。

——民谚

懒惰，像生锈一样，比操劳更能消耗身体，经常用的钥匙总是亮闪闪的。

——[美] 富兰克林

不要睡懒觉，不和太阳一同起身就辜负了那一天…… “勤敏是好运之母”，反过来，懒惰就空有大志，成不了事。

——[西班牙] 塞万提斯

把你的精力集中到一个焦点上

故事话题

无产阶级革命家陈毅元帅少年时代就非常爱学习。入学前，他就学会了好几百个字，会背诵一些浅显的诗文。5岁入学后，他学习更加认真，不论是背诵还是写算，都名列前茅。

有一次，语文教员毛老师到陈毅家吃午饭，看见一个用一叠草纸订成的本子，每张纸都很厚。陈毅父亲对他说："这是世俊（陈毅的学名）的练习本。"毛老师十分惊奇："是练习本，怎么没见上面有一个字？"

原来，陈家早已破产，家里穷困得买不起纸和笔，可陈毅每天还是自己规定写50个大字、100个小字。为了给家里节省开支，陈毅就用笔蘸米汤在草纸上练字。写的时间久了，那叠草纸就被米汤浆成了一张张坚硬的纸板。

毛老师知道这件事后十分感动，他抚摸着陈毅的头说："孩子，好好练吧！"陈毅非常爱读书，常常把书带在身边，有空就看上几页，如果发现了一本好书，他简直是如获至宝，读起来常常是废寝忘食。

还有一次，陈毅到一个亲戚家过端午节，进门后，看见桌子上有一本自己找了很久都没找到的书，于是，他忘了走几十里路的疲劳，立即躲到一个空房里专心致志地读了起来。他一边看，一边用笔摘录重要章节，到了吃饭的时候，亲戚几次来请他，他都舍不得把书放下。

亲戚见他这样用功就不忍再打扰他了，就把糖和粽子给他端去。陈毅的全部注意力都集中在书本和摘录上，粽子本来是蘸糖吃的，可他竟把粽子伸到书桌上的墨砚里蘸着墨汁往嘴里送，一连吃了两个粽子，竟然没有品出异味来。过了一会儿，亲戚又给他端来面条，见他满嘴是墨，便召来家人看，大家见了都忍不住大笑起来。

陈毅起初还不知众人在笑什么，他用手抹了一下嘴巴，见手上沾了很多墨汁，才知道自己误吃了墨汁，他诙谐地对大家说："吃了墨没关系，我正觉得我肚子里的墨水太少呢！"

故事解析

你是否经常感到厌烦？感觉自己对什么都提不起兴趣来，注意力维持时间也很短，在上课时目光游移不定，在工作时心神不定，不知自己在想什么，也不知自己该去做什么，总而言之无法集中注意力呢？

当环境并没有很嘈杂而你出现分心现象时，唯一的原因就是缺乏动机。陈毅元帅的故事告诉我们，一旦你对某种事物表现出强烈的企图心时，环境根本无法改变你的专注。反过来说，一个人倘若对功课或工作既无兴趣，也无法找出任何意义，这时候要他集中注意力是不可能的。

要想克服这一点，光凭自己的紧迫感是无法做到的，可以尝试着使用一种期限效果法来集中注意力。首先，设定一个期限，在这个并不很长的期限中你说服自己集中精神完成不感兴趣的工作。等这个期限一过，你大可去做一些自己想做的事情，但在这个期限内，你必须强迫自己去完成它。也可以在这期限中设几个中间站，因为每个中间站之前注意力最佳。

但不管你使用何种方法，都是治标不治本，你应该时刻记住：兴趣是第一原动力。像陈毅那样达到忘我的境界，无论环境怎样干扰，学习的对象就像自己的“情人”一样牢不可破，别说是几口墨水了，除了死亡，没有什么能把你和你所学的东西分开。

故事穿越

数学大师华罗庚自1925年初中毕业后，因家境贫寒，无力进入高中学习，只好到黄炎培在上海创办的中华职业学校学习会计，以养家糊口。不到一年，由于生活费用昂贵，他被迫中途辍学，回到金坛帮助父亲料理杂货铺。

在单调的站柜台生活中，他开始自学数学。回忆当时他刻苦自学的情景，他的姐姐华莲青说："尽管是冬天，罗庚依然在账台上看他的数学书。鼻涕流下时，他用左手在鼻子上一抹，往旁边一甩，没有甩掉，就这样伸着，右手还在不停地写……"

故事微语

进化论的奠基者达尔文说：“我比一般人略胜一筹，就在于我能够注意到那些很容易被别人忽略的事物，也就是我能够仔细地观察事物。”这句话体现了集中注意力的重要性。所有人都希望自己将来能取得杰出的成就，但是要知道，成才的过程极其复杂，一个人的成功包含了多种因素，而能否集中注意力正是其中之一。

从这个角度来看，一个人的注意力能否集中，将决定他未来成就的大小，这绝非危言耸听。人的智商差异不是很大，但是注意力差异要差得很多。人的精力是有限的，人与人之间精力大小的差别也并不很大，为什么一些杰出人物的成就高？那是因为他们把所有的精力都集中在了某一件事情上。

心灵箴言

无专精则不能成，无涉猎则不能通也。

——梁启超

凡诸艺业，未有学而不得者，病在心力懈怠，不能专精耳。

——《唐书》

天才——首先是不知疲劳的、目标明确的劳动，在一定事物上集中注意力的能力。

——[苏联] 切列巴霍夫

每天让自己进步一点点

故事话题

他本是一位匈牙利木材商的儿子，由于生来就呆笨，人们都喊他“木头”。12 岁时，他做了一个梦，梦到有个国王给他颁奖，因为他写的文字很好看。当时，他很想把这个梦告诉谁，只怕别人嘲笑，最后只告诉了妈妈。

妈妈说：“假若这真是你的梦，你就有出息了！我曾听说，当上帝把一个美好的梦想放在谁心中时，他是真心想帮助谁完成的。”

男孩信以为真，从此他真的喜欢上了写作。

“倘若我经得起考验，上帝会来帮助我的!”他怀着这份信念开始了他的写作生涯。

3 年过去了，上帝没有来；又 3 年过去了，上帝还没有来。就在他期盼上帝前来帮助他的时候，希特勒的部队先来了。他作为犹太人，被送进了集中营。

在那里，600 万人失去了生命，他活了下来。

1965 年，他终于写出他的第一部小说《无法选择的命运》；1975 年，他又写出他的第二部小说《退稿》；接着他又写出一系列的东西。

就在他不再关心上帝是否会帮助他时，瑞典皇家文学院宣布：把 2002 年的诺贝尔文学奖授予匈牙利作家凯尔泰斯•伊姆雷。他听到后，大吃一惊，因为这正是他的名字。

当人们让这位名不见经传的作家谈谈获奖的感受时，他说：“没有什么感受！我只知道，当你说‘我就喜欢做这件事，多困难我都不在乎’的时候，上帝就会抽出身来帮助你。”

故事解析

有人说，成功是有方法的，这方法很简单，简单到你都不敢信，那便是：每天进步一点点。

每天进步一点点，听起来好像没有冲天的气魄，没有轰动的声势，但是细细地琢磨一下，如果你能做到每天都进步一点点，那简直就是在创造一个意想不到的奇迹，在不动声色中酝酿一个真实感人的神话。

如果你还没有感受到里面蕴含着的传奇色彩，我可以这样来帮助你理解。110 米跨栏飞人刘翔 12.88 秒的成绩打破了尘封 13 年的世界纪录，但他只比前任快 0.03 秒，而打破刘翔纪录的古巴小将罗伯斯，他跑出了 12.87 秒，只比刘翔快了 0.01 秒。

每一个骄人的成绩，每一个人类的奇迹，都来自于一点一滴的进步，有赖于一步一步地积累。虽然看起来，每天一点点的进步看起来微不足道，但天天都有目标，时时都能努力，如果人人都能做到的话，那就弥足珍贵了。

很久以前，人与猩猩的差别最初也许只有一点点，但随着时间的推移，时至今日，已经是天壤之别，原因就在于平时进步积累的多与寡。日有所进、月有所变，用心做好每天进步一点点的加法，无论你在钻研什么学问、从事何种工作，每天都能享受到进步的快乐、胜利的喜悦、理想的滋润，何乐而不为呢？

然而要做到“每天进步一点点”并不容易，因为任何丝毫的进步都不会从天而降，都不能唾手可得，必须经过一番艰苦的努力。每天进步一点点，贵在坚持，难在坚持。“逆水行舟，不进则退。”能不能做到每天坚持进步一点点，不单要毅力非凡，还应有一颗能够耐得住寂寞的心脏，不可因为收获不大而心浮气躁，更不可因为目标尚远而情移心摇。

故事穿越

纽约的一家公司被一家法国公司兼并了，在兼并合同签定的当天，公司新的总裁就宣布："我们不会随意裁员，但如果你的法语太差，导致无法和其他员工交流，那么，我们不得不请你离开。这个周末我们将进行一次法语考试，只有考试及格的人才能继续在这里工作。"

散会后，几乎所有人都拥向了图书馆，他们这时才意识到要赶快补习法语了。只有一位员工像平常一样直接回家了，同事们都认为他已经准备放弃这份工作了。令所有人都想不到的是，当考试结果出来后，这个在大家眼中肯定是没有希望的人却考了最高分。

原来，这位员工在大学刚毕业来到这家公司之后，就已经认识到自己身上有许多不足，从那时起，他就有意识地开始了自身能力的储备工作。虽然工作很繁忙，但他却每天坚持提高自己。

作为一个销售部的普通员工，他看到公司的法国客户有很多，但自己不会法语，每次与客户的往来邮件与合同文本都要公司的翻译帮忙，有时翻译不在或兼顾不上的时候，自己的工作就要被迫停顿。因此，他早早就开始自学法语了；同时，为了在和客户沟通时能把公司产品的技术特点介绍得更详细，他还向技术部和产品开发部的同事们学习相关的技术知识。

这些准备都是需要时间的，他是如何解决学习与工作之间矛盾的呢？就像他自己所说的那样："只要每天记住10个法语单词，一年下来我就会3600多个单词了。同样，我只要每天学会一个技术方面的小问题，用不了多长时间，我就能掌握大量的技术了。"

故事微语

《礼记·大学》中有云："苟日新，日日新，又日新。"老子在《道德经》中也说："合抱之木，生于毫末；九层之台，起于累土；千里之行，始于足下。"这些古老的中国经典文化说明一个道理：当量变积累到一定程度就会发生质变。一步登天是神话，不要幻想自己突然之间脱胎换骨，打通任督二脉，马上就能成为一个"超人"。要知道，任何人都可以变成"超人"，这并不是什么神奇的事，你需要做的就是，每天进步一点点。

心灵箴言

故不积跬步，无以至千里；不积小流，无以成江海。

——《荀子》

汤之，《盘铭》曰：“苟日新，日日新，又日新。”《康诰》曰：“作新民。”《诗》曰：“周虽旧邦，其命维新。”是故君子无所不用其极。

——大学

“难”也是如此，面对悬崖峭壁，一百年也看不出一条缝来，但用斧凿，能进一寸进一寸，得进一尺进一尺，不断积累，飞跃必来，突破随之。

——华罗庚

目标决定你的人生

故事话题

在一个葡萄园内有一串串饱满的大葡萄，让人垂涎欲滴。一只狐狸来到葡萄架下，馋得直流口水，于是它使劲地往上跳，想要一饱口福。但葡萄架太高了，狐狸第一次试跳没有成功。但狐狸不甘心，它瞄准另外一串葡萄又跳了一次，可惜这一次也没扑着。

狐狸很沮丧，正要准备放弃的时候，不知道从哪传来了稀稀拉拉的掌声，狐狸抬头一看，原来树上落着几只前来看热闹的乌鸦。狐狸向它们拱拱手，表示谢意。两次试跳后，狐狸有点累了，蹲下来喘气。它心想，就冲着这几只为我加油打气的乌鸦，我今儿也得把这串葡萄拿下！

但光凭自己的弹跳是没戏了，于是狐狸转动着眼睛，四下寻找，终于找到了一个长竹竿，狐狸抓住竹竿，后退了几步，并向乌鸦们示意，请乌鸦来点掌声和鼓励。

乌鸦们见状纷纷鼓掌。正所谓有支持就有力量，受到鼓励后的狐狸信心倍增，只见它提竿快步向葡萄藤奔过去，竹竿准确地插入了地面，竹竿将狐狸高高撑起，然后是漂亮的抛竿动作，自由下坠，狐狸成功地跃过了高高的葡萄架，安全地落到松软的草地上。

“啊，姿势真优美，动作真漂亮！难度系数 99.99，满分，没有悬念的满分！”乌鸦们大声地夸奖狐狸。一只年轻的母乌鸦还从树上飞了下来，给狐狸献上了一束野花。狐狸手捧鲜花，挥手向观众致意，它的心情非常激动。

然而短暂的喜悦过后，狐狸冷静下来了，它想：“我明明是来吃葡萄的，葡萄没吃着，跳得再高又有什么用啊？”

故事解析

一个人追求的目标越高，他的才力就发展得越快，对社会就越有益。——高尔基语。

就像故事中的狐狸一样，人的行动是受思想支配的。你想什么，你就会做什么，很多人往往在做的过程中忘掉了自己的目标，又或者很多人往往只在盲目地生活，而没有一个值得去奋斗的人生目标。

实际上，一个人对未来生活的向往和追求，与国家的需要，人民的需要，社会发展的需要结合在一起，是一种高尚的人生目标，也是推动人们积极进取的强劲的思想动力。

这就好比一株葡萄藤，如果没有支架，只能匍匐在地，最后不得不和它宝贵的果实一同腐烂掉。人如果没有正确的人生目标，就像葡萄藤没有支架一样，没有了精神支柱，因此目光短浅，迷失方向，得过且过，不求上进。毫不夸张地说，一个人的成才与否，几乎取决于他当初立下的人生目标。

而人生目标又应该是什么呢？是赚钱？当官？出名？还是享受？高尔基有句话说得好：“给”永远比“拿”快乐。当有人问起微软全球副总裁李开复的人生目标时，他是这样回答的：“人生只有一次，我认为最重要的就是要有最大的影响力，能够帮助自己，帮助家庭，帮助国家，帮助世界，帮助后人，能够让他们的日子过得好，更有效率，能够为他们带来幸福和快乐。”这样的人生目标才是我们应该树立的目标。它会成为你人生的灯塔。如果有的人把刻苦学习，作为不过是猎取金钱与名利的代名词，这样的目标定得越高，到头来就摔得越重。只有确立成才的目标，才会指引你去努力克服困难，战胜挫折，有信心朝着自己的目标奋进。

故事穿越

有个同学举手问老师：“老师，我的目标是想在一年内赚100万！请问我应该如何计划我的目标呢?”

老师便问他：“你相不相信你能达成?”

他说：“我相信！”

老师又问：“那你知不知道要通过哪个行业来达成?”

他说：“我现在从事保险行业。”

老师接着又问他：“你认为保险业能不能帮你达成这个目标?”

他说：”只要我努力，就一定能达成。”

“我们来看看，你要为自己的目标做出多大的努力，根据我们的提成比例，100万的佣金大概要做300万的业绩。一年：300万业绩；一个月：25万业绩；每一天：8300元业绩。”老师说。“每一天：8300元业绩。大既要拜访多少客户?”老师没等那学生回答，主动替他答道：“这大概要50个人。那么一天要50人，一个月要1500人；一年呢？需要拜访18 000个客户。”

这时老师又问他：“请问你现在有没有18 000个A类客户?”他说没有。“如果没有的话，就要靠陌生拜访。你平均一个人要谈上多长时间呢?”

他说：“至少20分钟。”老师说：“每个人要谈20分钟，一天要谈50个人，也就是说你每天要花16个多小时在与客户交谈上，还不算路途时间。请问你能不能做到?”他说：“不能。老师，我懂了。这个目标不是凭空想象的，是需要凭着一个能达成的计划而定的。”

故事微语

我们常常受到世俗的影响，潜移默化中错把流行的东西当作自己的目标，例如拜金主义者们把钱当成自己的目标，殊不知钱是手段而非目标，从来没有想过，难道有了钱以后，生命就结束了吗？钱是达成目标的工具，而绝非是目标，目标是人生终极的目的，它悬挂在人生顶峰的高塔之上，你握着火把一路狂奔，但只有在死亡的那一刻才会抵达。你的汗水和快乐渗透在这跋涉的路途之中，并把那接力的火把传递给后人。

心灵箴言

每一条河都有自己的方向。

——拉丁美洲谚语

对于一只盲目航行的船来说，所有的风都是逆风。

——[法] 哈伯特

在一个崇高的目标支持下，不停地工作，即使慢，也一定会获得成功。

——[美] 爱因斯坦

切莫骄傲，一山还比一山高

故事话题

拿破仑的野心膨胀使他不满足于登上法国皇帝的宝座，他要令全欧洲服从法兰西的意志，他的骄傲让他走向毁灭。

1805年第三次反法同盟成立。拿破仑挥师多瑙河，将奥军主力围困在乌尔姆要塞，迫使他们投降。接着他率军攻占维也纳，逼得奥皇弗朗西斯出奔奥尔莫乌茨；拿破仑引诱俄奥联军在奥斯特里茨与他决战，结果大胜联军。由此，第三次反法同盟瓦解。拿破仑则乘机大肆瓜分欧洲领土。他把自己的兄弟与近臣们分封到这些地方去做国王大公，建立他的新欧洲秩序。

对于拿破仑的这些侵略行径，欧洲列强当然不会善罢甘休。3年后，第五次反法同盟又告成立，结果再次被拿破仑率军摧毁了。到1810年，拿破仑不仅是法国的皇帝，还是意大利的国王、莱茵邦联的保护者、瑞士的仲裁人，以及西班牙、荷兰、那不勒斯王国、华沙大公国及其他附庸国的太上皇。

为了进一步征服欧洲，拿破仑于1812年6月御驾亲征，率60万大军征讨俄国，他坚信战争会在1812年内结束。但俄军统帅库图佐夫元帅对拿破仑大军采取了主动撤退、坚壁清野的策略，在拿破仑逼进莫斯科时焚城3日，这使拿破仑陷入了空前的困境。五个星期后，拿破仑不得不下令撤军，没想到等着他的却是比库图佐夫更可怕的事情——俄国的严冬。在天寒地冻、风雪交加及俄国正规军与游击队的不断骚扰中，拿破仑的60万大军彻底崩溃了。他只率2.7万残兵败将退回巴黎。

拿破仑征战俄国大败而归，敲响了他命运的丧钟。1813年春，俄、英、普、奥、瑞典等国组成第六次反法同盟。经过半年多的交战，拿破仑大军终于面临山穷水尽的局面。1814年4月6日，在众叛亲离、大势已去的情况下，拿破仑终于签署了退位诏书，被流放到地中海的厄尔巴岛。之后一年，他虽潜回巴黎，再登皇位，与联军作战，但这不过是英雄末路之举，只留下“滑铁卢”的败绩。

此后，他被遣送到大西洋的圣赫勒拿岛，度过了他的余生。

故事解析

拿破仑原本是人民拥护的救世主，他一度统治了大半个欧洲，最终却因为自己的骄傲败在了莫斯科的寒冬之下。

世间万物都在不停地发展变化着，生命在拓展，社会在变动，认识在升华。大到宇宙的认识，小到粮食的种植，一切都处在发展变化中。变则通，不变则亡，这是不可抗拒的自然规律。万物竞生，你追我赶；百舸争流，形势逼人；逆水行舟，不进则退，世界上不存在任何终极形态的东西，也没有值得永远满足的事物。无论你有多么强，你都应该知道，世界上肯定还有比你更强的，就算今天没有，明天也会有。

如果思想停滞，精神懈怠，骄傲自满的话，结果必然要受到自然的惩戒。西方有句谚语说得好：“谁在凯旋中战胜自己，谁就赢得了两次胜利。”过去的胜利固然来之不易，完全有理由引以为自豪。但自豪不等于自满，如果光回味过去的胜利而松懈斗志的话，必将迎来惨痛的失败，古今中外无数经验教训都告诉了我们一个至理名言：“满招损，谦受益”。

贤德的人大多数都是谦虚的，他们并不因为自己有本事而沾沾自喜。谦虚是一种了不起的修养，谦虚、虚心的人通常是仁慈的、公平的、尊重他人的。谦虚不仅仅是一种美德，实际上也是一种自信的体现。真正的谦虚，不是随便就能挂在嘴边的。

谦虚是强者身经百战的自信，是智者了然于胸的底气，他们因为成功，所以能看到自己的局限，这才知道世上一山还比一山高，于是在谈吐之间的和气中透出低调，在不卑不亢的和颜中含有雅量。

要先洞彻明事，然后才能不急不躁；只因高瞻远瞩，所以才能不诳不妄；居高而仰望，所以不傲；行端而气正，所以不惧。只有这样，才能称得上谦虚。

故事穿越

我国五代时期，晋王李克用带着对梁、燕、契丹的遗恨而死。临终前，李克用留给儿子李存勖3支箭，嘱其为自己复仇。李存勖不忘父亲的遗志，出征时将3支箭装入锦囊，凯旋后则祭祀在祖庙，以此激励自己奋发图强。

在强大的复仇动力下，李存勖攻城略地，灭燕破梁，又败契丹，无往不胜。“意气之盛，可谓壮哉！”可是当后来天下已定，大功告成时，李存勖却变得骄傲自满起来，纵情声色，终日与美女在一起。致使上下离心，国运日衰，三五年后就祸端骤起，自己也被乱箭射死。

故事微语

谦虚有一种力量，一种魅力，它可以让你不断学习不断进步，它可以让你发现别人的优点，让你在欣赏别人的同时也让别人欣赏。你越是优秀，你就越明白这一切有多么的难得，你就越谦虚。其实人和人并没有本质上的区别，正如一句谚语中说：“光滑的瓷器来自泥土，一旦破碎就归于泥土。”

心灵箴言

虚荣是骄傲的食物，轻蔑是它的饮料。

——[美] 富兰克林

我们的语言，不妨直爽，但不可粗暴骄傲；有时也应当说几句婉转的话，但切忌虚伪轻浮与油滑。

——[英] 培根

不管我们的成绩有多么大，我们仍然应该清醒地估计敌人的力量，提高警惕，决不容许在自己的队伍中有骄傲自大安然自得和疏忽大意的情绪。

——[苏联] 斯大林

第四篇

学会奉献，回报从付出开始

奉献是一种爱，是对自己事业的不求回报的爱和全身心的付出；奉献是不计回报的付出，是“不必人人为我，我也为人人”。奉献付出的是青春，是汗水，是热情，是一种无私的爱心，甚至是无价的生命。

“只要人人都献出一点爱，世界将变成美好的人间。”

付出从点滴做起

故事话题

楼下有一位补鞋匠，他是一位年过六旬的老人，每天坐在铁皮房子里，时而抬头微笑着注目着过往的行人，双手却从不停歇。

有一次，丽莎在她修补好的鞋子里，发现了一张字条，这张字条，竟让丽莎欢呼雀跃，拉着她爸爸一起看。原来那上面写着：“孩子，走路时一定要遵守交通规则，别让你的爸爸妈妈担心。”

丽莎爸爸察看自己的鞋子时，也看到了这样一张字条，上面写着：“踏踏实实，走好人生的每一步。”

这两张字条，让父女两诧异了很久。

后来，丽莎每次去他那里补鞋回来，都能在鞋里面看到类似的字条，有节日的祝福，有对战胜困难的鼓励，更有人生的诤言。

前几天，丽莎去补鞋时，却发现补鞋老人的铁皮房竟然上了锁，她走近了朝窗里面看，里面空空的，老人已经不在了。而在铁皮房子的墙壁上，不知是谁，留下了密密麻麻的文字，有怀念的话，也有感谢的话，其中有一句，让丽莎至今难忘：“谢谢你，修补了我的灵魂。”

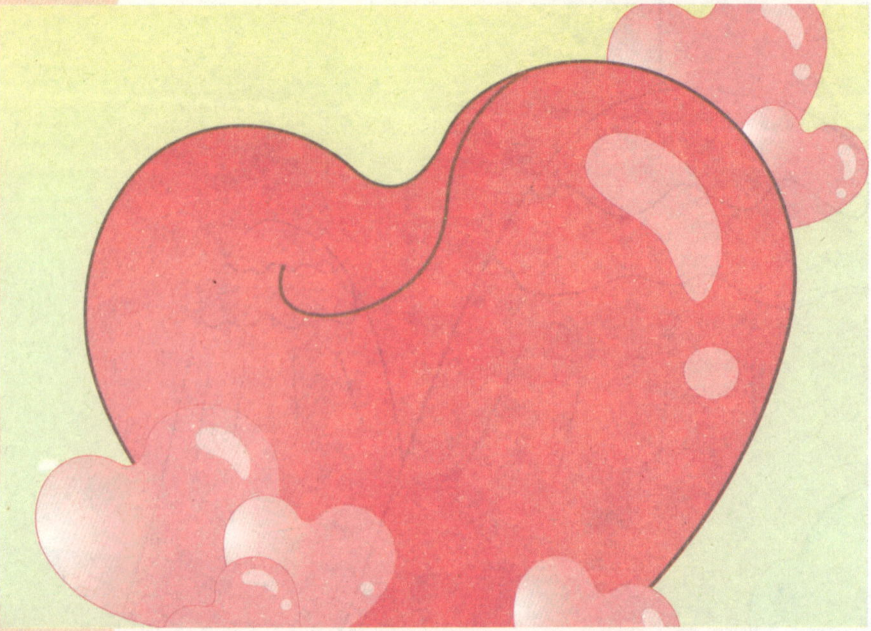

故事解析

在人类的心灵中，有着一架分毫不差的天平，它是收获一切的真理，是劳动者生存唯一的法门，只有付出了血和汗，才能得到这天平的洗礼。一旦这架天平失去平稳，那人便起了不劳而获、贪赃枉法、懒惰无能的歪念。

卡玛在《人生是一场独自的修行》里说："不要轻言你是在为谁付出和牺牲，其实所有的付出和牺牲，最终的受益人都是自己。"这话犹如空谷足音一样激荡在人心深处，拨动着每一个人最柔软的内心。

这个世界上任何事都是要有付出才会有回报的，俗话说，种瓜得瓜，种豆得豆，就是这个道理。要获得事业的成功，除了有理想一定能实现的坚定信念和义无反顾一往直前的精神外，还必须付出我们的努力。

付出并不在意多或者少，有时候付出的是点滴，得到的却是全部，付出与收获是因果关系，付出的本身就是收获。一分耕耘一分收获，付出不一定有回报，不付出就一定没有回报，甚至会一败涂地。

故事穿越

在一个又冷又黑的夜晚，一位老妪的汽车在郊区的道路上抛锚了。她等了半个多小时，好不容易有一辆车经过，开车的男子见此情况二话没说便下车帮忙。几分钟后，车修好了，老妪问他要多少钱，那位男子回答说："我这么做只是为了助人为乐。"

老妪坚持要付些钱作为报酬。中年男子谢绝了他的好意，并说："我感谢您的深情厚意，但我想还有更多的人比我更需要钱，您不妨把钱给那些比我更需要的人。"最后，他们道别后各自上路了。

随后，老妪来到一家咖啡馆，一位身怀六甲的女招待员即刻为她送上一杯热咖啡，并问："夫人，欢迎光临本店，您为什么这么晚还在赶路呢？”于是老妪就讲了刚才遇到的事，女招待听后感慨道：“这样的好人现在真难得，你真幸运能够碰到这样的好人。”

老人问她怎么工作到这么晚，女招待说为了迎接孩子的出世而需要第二份工作的薪水。老人听后执意要女招待员收下200美元小费。女招待员惊呼不能收下这么一大笔小费。老人回答说：“你比我更需要它。”

女招待员回到家，把这件事告诉了她的丈夫，她丈夫大感诧异，世界上竟有这么巧的事情：原来她丈夫就是那个好心的修车人。

故事微语

要想成功，必须先付出，只有我们每个人都真心付出，全力地去帮助别人，才会得到同样的回报。古人言：“授人玫瑰，手留余香”，有时候帮助别人比受到别人帮助更有成就感，你自己也能够获得快乐，因为你在帮助别人的同时，看到别人成长了，快乐了，这样也能让自己更快乐。在付出的同时得到别人的支持、尊重和感激源泉，何乐而不为呢？也许你的付出不一定全部都能得到认可和回报，但你不付出将永远没有回报。所以付出是值得的，是快乐的，也是成功的。

心灵箴言

春蚕到死丝方尽，蜡炬成灰泪始干。

——李商隐

生命的多少用时间计算，生命的价值用贡献计算。

——[匈牙利] 裴多菲

绿叶丝毫不嫉妒花朵，而且为花朵的美丽勤恳地工作着。

——佚名

先付出再求回报

6 故事话题

圣诞的钟声就快敲响了。整个盐湖城都被厚厚的白雪覆盖着，街上几乎看不到行人。然而，位于犹他大街街尾的那家老钟表店仍然亮着灯光。钟表店的店主叫郝斯，是一位 60 多岁的老人。此刻，看店的是他的孙子雷恩。雷恩 14 岁就辍学跟随爷爷在钟表店里做事。经过两年多的锻炼，雷恩已经成为了一个老练的店员。此刻，他还在修理一座古董钟。

23 点 50 分，雷恩修好了古董钟。他站起来，准备回里屋叫醒爷爷出来换班。这时，“吱呀”一声，前门被推开了。

雷恩转身准备迎接顾客，但是他的眼睛告诉他，来者并不是顾客。来者一共两人，都是男子，年轻的那个停在门口没有进店，年纪大的那个阴沉着脸直接朝雷恩走来。雷恩控制着内心的恐惧，慢慢地把一本便笺簿和一支铅笔推到柜台前面。

雷恩明白这些人进店的目的是为什么，显然他遇上了打劫，那个年轻人站在门口把风，雷恩没有可能通风报信。

雷恩镇定了下来，他坦然问：“您需要什么服务？”

店内的钟在“滴答滴答”地响着。中年男子似乎放松了点，他从口袋

里抽出手，给雷恩看他手腕上的表。“这个表你能给我多少钱？”他在便笺簿上写道。

雷恩注意到他的灰色的眼睛闪过了一丝羞愧。雷恩突然明白，或许这两个人并非惯犯，而是因为迫不得已，如果不是急需用钱，不会以这种方式来获取“资助”的，于是雷恩问道：“您要多少钱？”

中年男子说：“值多少你就给多少。”

雷恩暗暗松了一口气。他把手伸进钱箱，拿出两张100美元的钞票，放到中年男子的手上。中年男子把手表交给雷恩。雷恩看着对方的眼睛，它们仿佛在说：“谢谢！”因为手表并不值这么多钱。

在转身离开前，中年男子说：“圣诞快乐！”

就在两人离开钟表店的那一刻，店内所有的钟都敲响了12点。雷恩觉得自己仿佛听见了圣诞的钟声。这美妙的钟声充满了希望。

这时，雷恩的爷爷从里屋走了出来。他问道：“孩子，刚才来顾客了吗？”

“是的，爷爷，来了两个急需帮助的顾客。我用您的方式帮助了他们。”雷恩笑着回答。

故事解析

付出与回报是人生的一台天平。我们究竟应怎样正确对待付出与回报，这是人生价值观念的真正体现。很多人对于付出的态度都在于——我能得到怎样的回报，实际上这种看法是错误的。我们应当看轻回报，这样才能活得轻松自如、自由自在。因为人的一生中哪怕发不了财、升不了官，但如果有个好的心态，这一生也可以说是无怨无悔了。

美国的基辛格说："付出的多了，虽然没有回报或者少量的回报，表面是吃亏了，但是却积累了宝贵的经验，那就是真正的回报，用经济

是无法衡量的。”中国的道家说：“吃亏就是占便宜。”

当自己付出了，他人即将回报你的恩情时，对方的方式无疑是多样的，有些可能达不到你的标准，但可以肯定地说，每一种付出都会有回报，没有回报的付出那不叫付出，差别仅仅是回报的大小。

也许，回报往往没有如付出时想象的那样美好。但是，我们应该有这种觉悟，有很多的付出，所得到的回报很可能是不能按自己所思所想的。付出了生命的，不可能有生命回报；付出了青春的，也不可能再有青春回报；付出了善心的，有可能回报的是诽谤，付出了真爱的，回报的也许是冷笑；付出了精力和休息时间的，也有可能回报的是疾病；认真工作老实做人，回报的也许是炒鱿鱼……回报不一。

但我们不必因此而抱不平，因为付出与回报是孪生兄弟。无论怎么讲，只要你付出了总是有回报的，佛说：“万事皆有因果。人人头上三尺天，又能放过谁呢。”

故事穿越

有一个人在沙漠行走了两天。途中遇到暴风沙。一阵狂沙吹过之后，他已认不得正确的方向。正当快撑不住时，突然，他发现了一幢废弃的小屋。他拖着疲惫的身子走进了屋内。这是一间不通风的小屋子，里面堆了一些枯朽的木柴。他几近绝望地走到屋角，却意外地发现了一座抽水机。

他兴奋地上前汲水，却任凭他怎么抽水，也抽不出半滴来。他颓然坐地，却看见抽水机旁，有一个用软木塞堵住瓶口的小瓶子，瓶上贴了一张泛黄的纸条，纸条上写着：你必须用水灌入抽水机才能引水！不要忘了，在你离开前，请再将水装满！他拔开瓶塞，发现瓶子里，果然装满了水！

他的内心，此时开始交战着。

如果自私点，只要将瓶子里水的喝掉，他就不会渴死，就能活着走出这间屋子！

如果照纸条做，把瓶子里唯一的水，倒入抽水机内，万一水一去不回，他就会渴死在这地方了！到底要不要冒险？

最后，他决定把瓶子里唯一的水，全部灌入看起来破旧不堪的抽水机里，

然后他用颤抖的手开始汲水，水真的大量涌了出来！

他将水喝足后，把瓶子装满水，用软木塞封好，然后在原来那张纸条后面，再加上他自己的话："相信我，真的有用。在取得之前，要先学会付出"。

故事微语

苍天不负苦命人，只要你付出了就一定有回报。无论是怎么样的社会制度，只是大小的区别。只讲回报而不愿意付出的人，是时代的垃圾，愚蠢的动物。何不想一想那些为了革命事业前赴后继的先烈呢？他们付出了青春、热血、生命、爱情，而他们获得了什么回报？他们获得的是一种精神上的不朽，他们付出了却得不到应得的结果，但他们当时并未因此而犹豫。有了这样的榜样，我们为何还在计较付出与回报的大小、多少呢？难道不觉得自己过于自私，而失去了人生应有的价值吗？

心灵箴言

贤者不悲其身之死，而忧其国之衰。

——苏洵

但得众生皆得饱，不辞羸病卧残职。

——李纲

不是每一个都要站在第一线上的，各人应该做自己份内的工作。

——[俄] 赫尔岑

你的付出是有价值的

故事话题

一个年纪很大的木匠就要退休了，他告诉他的老板：他想要离开建筑业，然后跟妻子及家人享受一下轻松自在的生活。虽然他也会惦记这段时间里还算不错的薪水，不过他还是觉得需要退休了，生活上没有这笔钱，也是过得去的！

老板实在有点舍不得这样好的木匠离去，所以希望他能在离开前，再盖一栋具有个人风格的房子。木匠答应了。不过这一次，他并没有很用心地盖房子。他草草地用了劣质的材料，就把这间屋子盖好了。

房子落成时，老板来了，顺便也检查了一下房子，然后把大门的钥匙交给这个木匠说：“这间就是你的房子了，这是我送给你的一个礼物！”

木匠非常惊讶，同时感到很羞愧，因为如果他知道这间房子是他自己的，他一定会用最好的建材，用最精致的技术来把它盖好。然而，现在他却为自己造成了一个无法弥补的遗憾。

故事解析

俗话说，“滴水之恩当涌泉相报。”知恩回报是做人的美德，每个人都有选择回报的方式方法和条件，我们自然无可厚非。然而非宁静无以致远，我们如此追求的功名利禄又是为了什么？最终难道不是为了更好地生活吗？有的人等到他拥有这一切再去享受生活，回头已是晨钟暮鼓、青春不再，何不放下那些太过沉重的包袱，给自己一份美丽的心情，聆听自然的声音、融入自然，还自己一道靓丽的风景呢？

人自然是讲感情的，但也求回报，这世上很少有人是不求回报的。毕竟不是所有人都能成为革命烈士那样伟大的人物，何况很多革命烈士他们在牺牲之前也抱有美好将来的愿景，不求回报的人自然有，但并不是说求回报的人就是错了，试想，当你为一个人付出了情，如果那个人无动于衷，你还能继续对他用情吗？

但是我们应该明了，所有的回报都建立在付出的基础上，在你付出之前不应该奢求有多大的回报，这就好比辛苦操劳、养儿育女，并不全是为了将来的养老送终；有时候授人玫瑰也并非为了再收到别人赠你的玫瑰；很多事情并不是回报二字就能够涵盖，这个世界上有一种情感叫作“爱”，因为爱我们不求回报，因为爱我们无怨无悔。所以带着“爱”去付出吧，如果没能收到“爱”的回报，那么就把“爱”留在心里作个美好回忆吧。

故事穿越

进了超市，突然天下大雨，市场里的雨伞一定好卖。大家肯定都以为雨伞要涨价出售，至少不会降价销售。但是，这家超市平时售价为19元的雨伞，下雨天却只卖9.9元。

晴天时以原价出售，下雨的时候打折出售，是这家超市一贯的营销策略，因为这一点，这家超市在这个城市名声大振。

故事微语

稍有一点市场常识的人都懂得，晴天好卖布鞋，雨天好卖雨伞，买的人多了，就能提高价格多赚钱。如今突然下大雨，很多顾客都在超市里无法回家，自然是高价出售雨具的绝好机会。这超市反而打折，难道这不是傻吗？再说，同样的一把雨伞，平时卖 19 元，下雨天卖 9.9 元，那平时岂不是无人问津了？

其实，这家超市的高明之处正在于此。在顾客最需要某种商品的时候，雪中送炭式的降价供应，必然能在顾客心目中产生更多的好感。如果没有这次打折雨伞的付出，怎么会有将来如潮的好评收获呢？

心灵箴言

一个人总得慷慨一点，才配受人感谢。

——[英] 托马斯·哈代

春蚕到死丝方尽，人至期颐亦不休，一息尚存须努力，留作青年为范畴。

——吴玉章

想想你的母亲，她对人生要求该多么微小，可是，落在她头上的又是怎样的一种命运？

——[俄] 屠格涅夫

付出也是一种责任

6 故事话题

2006 年的一天，美国亚特兰大市的凯文·萨尔文开车带 14 岁的女儿汉娜回家。在一个路口停车等绿灯时，汉娜看到一个无家可归者举着讨饭的牌子。他们的车子前面停着一辆奔驰车，汉娜说：“爸爸，如果前面那个人不开那么贵的车，那个饥饿的人就有一顿饭吃了。”凯文听了说：“如果我们家的车没有这么好，那个人也有饭吃了。”

这样随意的一句话，是父母在孩子面前经常说的，汉娜却记在了心里。那天晚上，她告诉父母和弟弟约瑟夫，她要做点与众不同的事情，“我不想只坐在家里说‘我祝愿……’，我想去做点能改变世界的事情”。

凯文曾是《华尔街日报》的记者，后来辞职成立了自己的公司，他的妻子琼是管理顾问。他们跟汉娜说他们以前已经做了很多好事，比如做志愿者，捐钱给慈善机构，比起同样条件的家庭，他们算是做得多的了。看到汉娜还是不满意，琼问她：“你想怎么做？难道要卖掉房子吗？”汉娜回答道：“是的，我就想卖房子。”

凯文和琼开始很惊讶，但后来他们都认真考虑了汉娜的想法。随后的好几个月里，凯文一家人聚在一起讨论了很多次。从讨论中他们获益很多，凯文说：“我知道了，对孩子们来说什么才是最重要的；他们也知道了，对我们来说什么才是重要的。”

结果，他们一家卖掉了在亚特兰大的有 4 个装饰华丽的卫生间、一个很大厨房的舒适大房子，然后买了一套小了一半的房子，把余下的 80 万美元捐给了一个解决非洲饥荒问题的慈善机构。

故事解析

在现实生活中，你的付出也许会远远多于你所期望的回报。就像故事里的汉娜那样，虽然我们并不赞成卖掉房子这样的付出方式，但是在面对这种近似牺牲自我完全不求回报的付出时，你除了表达感动别无其他可以形容的心情，当她付出的同时你其实也已经得到了回报，那是一种心灵上的升华，尽管这回报与平时人们认为的回报相比是那么的渺小，但它带来的是精神上无穷的愉快和心灵上永恒的慰藉。

回报无处不在，中国有句话“送人玫瑰，手有余香”。有一种付出是责任，有一种付出是“爱”，你无以回报。比如父母对子女的付出，终有一天，父母会老去。他们曾经有着和我们一样的年轻和渴望。但他们把自己人生的意义赋予了孩子。无论是谁，对于父母都有着无法言喻的亏欠，因为父母给予得太多太多，而子女回报他们的太少太少。

这个世界上还有很多不求回报的奉献，始终有着一种大爱，从不计较个人得失，从不在意自己的付出与回报，如春风拂面不留痕迹。人们传递着爱心，我们在平凡中感动，在大爱中享受温暖。人海茫茫，在纷繁的世俗下，在平淡的生活中，总有一种真情让人感动。总有一种无私的赠予和真情的回报让人温暖。也让这个世界了解到，人与人之间，除了名利之外，还有仁爱的情怀。

故事穿越

一位颇有名气的中国男演员，带着5岁的儿子到法国度假。在一个大雨滂沱的晚上，他驾着SUV型车，从巴黎郊区的一个地点赶往另一个地点。此时，正是傍晚，雨水砸在车窗上，就连雨刮器都丧失了作用，而他儿子竟在车子后排睡得酣畅。

即便父亲十分小心地驾驶，但还是发生了一场小小的车祸。大雨和夜色，模糊了他的视线，在一个弯道处，车子缓缓地撞上了一棵树的枝杈，滑向树林一侧。车子就这样停下，与乡间小路呈垂直状态。车祸不严重，父亲与儿子都毫发无损，只是，他俩就这样被困在大雨的夜里。父子俩在法国没什么亲眷，父亲甚至不擅长说法语。

不久，一辆小轿车缓缓驶了过去。父亲还没来得及向他们招手，小轿车就自动倒车回来。从车内下来了两位身穿黑色燕尾服、打着领结的法国人。随后，跟出来的是一位身穿晚礼服的中年金发女郎，她站起身来，为她的家人打伞。他们看到SUV的境遇，立刻上前表示，要帮助中国父亲，想办法把SUV弄回路上来。三个男人在研究了地形、勘测了角度之后，发现在天下暴雨地面泥泞的环境中，起码需要四五个男性劳力。

于是，法国人开始打手机。不一会儿，又有一辆小轿车开了过来。从这辆小轿车里下来的两位男性，依然是隆重的燕尾服打扮。4位法国男士见面之后，就嘱咐了身边的两位女性回到了各自的车里。

就这样，4个衣冠楚楚、戴着领结、别着袖口针的绅士，来到了SUV旁边，打量了一番，接着，各就各位。雨水砸在每个人身上，不一会儿，黑色燕尾服的“燕尾”，也开始滴水，中国父亲也随之加入了推车队伍。

在一起使劲之前，其中一位法国绅士向各位打招呼：“嘘——我们尽量轻一点儿。当心，别吵醒那孩子！他还沉睡着呢！”

故事微语

“人非草木，孰能无情”，即使身外之物都失去了，还有情怀不能被剥夺。有情有义，人生才不会被物欲所蒙蔽，社会才得以为道德所彰显和传承。付出与回报的关系，恰恰体现了人间真情的美好。“受人滴水之恩，必当涌泉相报”，正是这类触动灵魂的行为，表达了千百年来人们对人间真情的一种内心的约定。

心灵箴言

点燃了的火炬不是为了火炬本身，就像我们的美德应该超过自己照亮别人。

——[英] 莎士比亚

壮士临阵决死哪管些许伤痕，向千年老魔作战，为百代新风斗争。慷慨掷此身。

——华罗庚

肥皂一经使用，便会逐渐溶化，甚至消失殆尽，但在这之间，却能使被洗物尽涤肮脏。如果有在水中不溶化的肥皂，才是无用处的东西。不知自我牺牲，以裨益社会，而只知吝惜一己之力的人，则宛如不会溶化的肥皂。

——[美] 华纳梅格

付出还是一种道义

故事话题

在美国得克萨斯州的一个风雪交加的夜晚，一位名叫克雷斯的年轻人因为汽车“抛锚”被困在郊外。正当他万分焦急的时候，有一位骑马的男子正巧经过这里。见此情景，这位男子二话没说便用马帮助克雷斯把汽车拉到了小镇上。

事后，当感激不尽的克雷斯拿出不菲的美钞对他表示酬谢时，这位男子说：“这不需要回报，但我要你给我一个承诺，当别人有困难的时候，你也要尽力帮助他人。”

于是，在后来的日子里，克雷斯主动帮助了许许多多的人，并且每次都没有忘记转述那句同样的话给所有被他帮助的人。许多年后的一天，克雷斯被突然暴发的洪水困在了一个孤岛上，一位勇敢的少年冒着被洪水吞噬的危险救了他。当他感谢少年的时候，少年竟然也说出了那句克雷斯曾说过无数次的话：“这不需要回报，但我要你给我一个承诺……”

克雷斯的胸中顿时涌起了一股暖暖的激流：“原来，我串起的这根关于爱的链条，周转了无数的人，最后经过少年还给了我，我一生做的这些好事，全都是为我自己做的啊！”

故事解析

付出是一种责任，同时也是一种道义，无论是否能够得到回报，你都应该清楚认识到，付出与回报都具有双面性。投之以桃，报之以李，没有辛勤的播种，就没有收获的希望，在索取前就必须先懂得付出，不要轻言放弃，也永远不要把目光只盯在眼前。也许你的付出并不能马上立竿见影，学着把眼光放远那么一点点，哪怕只是那么一丁点点，也许就在那个某一天，就会因为你昨天存下来的那一丁点的努力，会让你的今天发生很大的转变，有时候会因为一个小小的变数，就可以完全改变你未来幸福的方向。

战国时期的改革家商鞅，一心施行变法，颁布强国之法，虽然最终被处以车裂之刑，但秦国的日益发展和不断壮大，历史对他的正面评价，不正是对他最好的回报么？曹雪芹经历家族巨变后，几乎一贫如洗，然而面对坎坷的人生，他毫不屈服，顽强地与厄运作斗争，举世瞩目的《红楼梦》难道不正是对他超常付出的最好安慰么？

或许对于平凡的我们来说，这些惊天地、泣鬼神的千古绝唱离得太远了，其实努力付出过程中的本身也是一种享受，把快乐带给别人的同时也充实了自我，何乐而不为呢？即使当所有的努力都指向一个无言结局的时候，不要叹息，不要难过，你要相信，付出总有回报。

故事穿越

两个旅行中的天使到一个富有的家庭借宿。这家人对他们并不友好，并且拒绝让他们在舒适的客人卧室过夜，而是在冰冷的地下室给他们找了一个角落。当他们铺床时，较老的天使发现墙上有一个洞，就顺手把它修补好了。年轻的天使问为什么，老天使答道："有些事并不像它看上去那样。"

第二晚，两人又到了一个非常贫穷的农家借宿。主人夫妇俩对他们非常热情，把仅有的一点点食物拿出来款待客人，然后又让出自己的床铺给两个天使。第二天一早，两个天使发现农夫和他的妻子在哭泣，他们唯一的生活来源——奶牛死了。

年轻的天使非常愤怒，他质问老天使为什么会这样，第一个家庭什么都有，老天使还帮助他们修补墙洞，第二个家庭尽管如此贫穷还是热情款待客人，而老天使却没有阻止奶牛的死亡。

"有些事并不像它看上去那样。"老天使答道，"当我们在地下室过夜时，我从墙洞看到墙里面堆满了金块。因为主人被贪欲所迷惑，不愿意分享他的财富，所以我把墙洞填上了。昨天晚上，死亡之神来召唤农夫的妻子，我让奶牛代替了她。所以有些事并不像它看上去那样。"

故事微语

老天是公平的，有时他可能只是开了个小玩笑，故意让你着急一下，考验一下你的耐性，最后他始终会记得给你的，也许还会给点额外的惊喜，正因为回报的不可知性，才让人觉得付出是多么的伟大，才会让接受者倍感珍惜。

心灵箴言

我不配做一盏灯，那么就让我做一块木柴吧！

——巴金

经验显示，成功多因于赤忱，而少出于能力。胜利者就是把自己身体和灵魂都献给工作的人。

——[英] 查尔斯·巴克斯顿

历史把那些为了广大的目标而工作，因而使自己变得高尚的人看作是伟大的人；经验则把使最大多数人幸福的人称赞为最幸福的人。

——[德] 马克思

第五篇

主动积极,只有行动才能证明自己

如果你不想，谁又会帮你呢？积极主动的态度,是实现个人愿景的前提条件。哪怕客观条件并不算好，也不足以受制于人,这并不可怕,重要的是,我们有选择的自由和权利,我们能够控制自己的行为，以实际行动来征服别人，证明自己。

成功在于行动

故事话题

演讲大师齐格勒对动力曾经做过这样的诠释：世界上牵引力最大的火车头停在铁轨上，为了防滑，只需在它 8 个驱动轮前面塞一个一英寸见方的木块，这个庞然大物就无法动弹。

然而，一旦这只巨型火车头开始启动，这小小的木块就再也挡不住它了；当它的时速达到 100 英里时，一堵 5 英尺厚的钢筋混凝土墙也能轻而易举被它撞穿。

从一个小木块令其无法动弹到能撞穿一堵钢筋水泥墙，火车头威力变得如此巨大，原因不是别的，因为它开动起来了。

故事解析

做一件事情，只要开始行动，就算获得了一半的成功。其实，当人在行动时，威力也会变得巨大无比，许多令人难以想象的障碍也会被你轻松地突破，当然前提是：你必须行动起来。不然，只知道浮想翩翩，就如停在铁轨上的火车头，那就连一个小木块也无法推开。

没有行动的梦想毫无价值，不去实施的计划无足轻重，缺乏动力的目标遥不可及。除非你付诸行动，否则一切都将毫无意义。

不论地图标注得多么详尽，比例多么精准，它只是一张地图，永远也不可能使其拥有者移动哪怕一英尺的距离。不论一纸法律条文多么公正，如果不配合警方的行动，它也不可能预防任何一宗犯罪。只有行动才是唯一的钥匙，它使地图、法律条文以及梦想、计划和目标成为可以期待的对象。行动就像食物和水分一样滋养着我们的成功之花。

故事穿越

在2003年全美石油工业首脑峰会之后，俄亥俄州石油公司的总裁拉菲尔先生讲了这样的一个小故事。

安东尼是一个部门主管，每天醒来就一头扎进工作堆里，忙得焦头烂额，寝食不安，整个人都快要崩溃了。于是，安东尼去请教一位成功的公司经理。

来到这位公司经理的办公室之时，安东尼看见他正在接听一个电话。听得出来，和他通话的是他的一个下属，而这位经理很快就给对方作出了工作指示。刚放下电话，他又迅速签署了一份秘书送进来的文件。接着又是电话询问，又是下属请示，公司经理都马上给予了答复。

半个小时过去了，终于再也没有他人进来“打扰”，这位公司经理于是转过头来问安东尼有何贵干。安东尼站起身来说：“本来我是想请教您，身为一个全球知名公司的部门经理，您是如何处理好那么多的工作的，但现在不用了，您已经通过您的行动给了我一个明确的答案。我明白自己的毛病出在哪儿了，您是现在就把经手的问题解决掉，而我却无论遇到什么事，都先接下来，等一会儿再说，结果您的办公桌上空空如也，我办公桌上的文件却堆积如山。”

故事微语

萧伯纳说过，懒惰就像一把锁，锁住了知识的仓库，使你的智力变得匮乏。美国科学家、物理学家、发明家、政治家、社会活动家富兰克林也曾经说过：“懒惰就像生锈一样，比操劳更能消耗我们的身体。”

一个人、一个团队能否在自己的事业生涯中取得成功，秘诀就在于从现在开始不要把事务拖延到一起去集中处理，而是行动起来，立刻去做好正在经手的每一件事。

心灵箴言

行动是必需品，思辨是奢侈品。

——[法] 柏格森

行动，只有行动，才能决定价值。

——[德] 约翰·菲希特

行动被人们遗忘，结果却将永存。

——[古罗马] 奥维德

珍惜每一分钟

故事话题

鲁迅成功的一条重要经验就是珍惜时间。因为他把整个一生都用来和时间赛跑了。他说："时间，就像海绵里的水，只要你挤，总是有的。"

鲁迅善于挤时间和支配时间。他一生多病，工作条件和生活条件都不好，但他每天都要工作到深夜。第二天起床后，有时连饭也顾不上吃，又开始工作，一直到吃晚饭时才走出自己的工作室。实在困了，就和衣躺到床上打个盹，醒后泡一碗浓茶，抽一支烟，又继续写作。

鲁迅习惯以各种形式鞭策自己珍惜时间，他在卧室里墙上挂着勉励自己珍惜时间的对联以及最崇敬的人。鲁迅曾说："美国人说，时间就是金钱，但我想，时间就是生命，无端空耗别人的时间，其实是无异于谋财害命的。"鲁迅最讨厌那些"成天东家跑跑，西家坐坐，说长道短的人。"

故事解析

时间对任何人都是公正的。经常有人抱怨时间不够，可生命是公平的，时间也是恒定的，它就在那儿，不多也不少，有志的人，勤奋的人，他们善于用各种方法去争取时间，哪怕是挤也能挤出来。

曾国藩曾说过“天可补，海可填，南山可移。日月既往，不可复追。光阴似箭，日月如梭，时间一去不复返，时间永远不等人，珍惜时间的人就是珍惜自己的生命。”

时间如一泓清澈的溪水，它不知疲倦，生生不息；时间如一列火车，在去往目的地的期间，它忘记了穿梭，驰骋在风景独一的路途上；时间如一杯烈酒，它可以陶醉一个人，也可以麻木、摧残一个人；时间如一座高不可攀的大山，它厚重、沉稳，充满魅力，当你征服大山的时候，整个世界都臣服于你的脚下。

最快而又最慢，最长而又最短，最平凡而又最珍贵，最易被忽视而又最令人后悔的就是时间。时间是宝贵的，再多的金钱也买不回青春年少。我们要珍惜时间，不要把太多的时间花在嬉戏玩乐之上，不然，少壮不努力，老大徒伤悲，你会后悔当时为什么没有好好利用有限的时间。

故事穿越

法国文豪雨果有时候会闭门写作，为了不受外面环境的侵扰，他有一门独特的谢客术，十分别出心裁。

为了集中精力写一部小说，雨果竟给自己剃了光头。当有人上门拜访他，他即指着光头说："对不起，你看这头，见不得人！"使人悻悻而回。当别人请其赴宴时，他照旧说："我这光头，难登大雅之堂，去参加你的宴会，不是要给你丢脸吗？"来人只好无奈离去。

如此一来，过了几个月，等雨果的头发长长之后，又一部巨著问世了。

故事微语

时间是异常宝贵的，浪费时间就是糟蹋生命。俗话说：“生气一分钟，就失去了60秒的幸福。”如果我们虚度年华，无所事事，那就是对时间的一种抛弃，一种不负责的表现。生命是短暂的，时间是有限的。在有限的时间里做最大的贡献，这才是一个准备好拥抱这个世界的人的正确选择。

心灵箴言

盛年不再来，一日难再晨，及时当勉励，岁月不待人。

——陶渊明

逆水行舟用力撑，一篙松劲退千寻。古云“此日足可惜”，吾辈更应惜秒阴。

——董必武

时间，每天得到的都是 24 小时，可是一天的时间给勤勉的人带来智慧与力量，给懒散的人 只能留下一片悔恨。

——鲁迅

养成积极的习惯

故事话题

高都安在合资公司做白领，他觉得自己满腔抱负没有得到上级的赏识，经常想：如果有一天能见到老总，有机会展示一下自己的才干就好了！高都安的同事狄锻也有同样的想法，

但狄锻比高都安更进一步，他打听好了老总上下班的时间，算好他大概会在什么时候进电梯，狄锻也在这个时候去坐电梯，希望能遇到老总，有机会可以打个招呼。

没想到他们的同事迪奥更进一步。迪奥详细了解老总的奋斗历程，还弄清了老总毕业的学校、人际风格、关心的问题，精心设计了几句简单却有份量的开场白，在算好的时间去乘坐电梯。最后迪奥跟老总打过几次招呼后，终于有一天跟老总长谈了一次，不久就争取到了更好的职位。

故事解析

愚者错失机会，智者善抓机会，成功者创造机会。机会只给准备好的人，积极与否决定着你的人生高度。因此一定要养成积极的习惯。

积极进取是每一个人都应该做到的基本要求。华罗庚从小就制订学习计划，他一步一个脚印，最终成为了举世闻名的数学家。刘天华也立下了奋斗目标，积极追求他的梦想，最终水到渠成，成为中国乐坛的一代教授。

歌德说：“立起自己生活的目标，一辈子的目标，一段时间的目标，一个阶段的目标，一年的目标，一个星期的目标……”由此可见，制定的目标并不是立一个宏大的目标就行了，还要分阶段，要明了自己应该先怎么做，再怎么做，最后怎么样才能做好等小一些的目标。

实际上，人类天性就有积极的一面，这表现在人类永不知足的欲望上，如果古人对写在竹条上的字知足了，又怎么会有人去进取，去研究而造出现在的纸呢；如果人们对飞鸽传书知足了，又怎么会有人去进取，去研究而造出邮件、电子邮件呢；如果人们对马车而知足的话，又怎么会有人去进取，去研究而造出汽车、火车和飞机呢？正是有了这些不安于现状，敢于进取的人，才会有我们今天的幸福生活。

故事穿越

从前，有个人养了一圈羊。一天早上他准备出去放羊，发现少了一只。原来羊圈破了个窟窿。夜间狼从窟窿里钻进来，把羊叼走了。邻居劝告他说："赶快把羊圈修一修，堵上那个窟窿吧！"他说："羊已经丢了，还修羊圈干什么呢？"没有接受邻居的劝告。

第二天早上，他准备出去放羊，到羊圈里一看，发现又少了一只羊。原来狼又从窟窿里钻进来，把羊叼走了。他很后悔，不该不接受邻居的劝告，就赶快堵上那个窟窿，把羊圈修补得结结实实。从此，他的羊再也没有被狼叼走的了。

羊丢了，把羊圈修补起来，剩下的羊就不会再丢。犯了错误，立即改正，就能减少错误。遭到失误，及时采取补救措施，则可以避免继续出现的损失。

故事微语

《商君书·画策》中说："能胜强敌者，先自胜者也。"这句话的意思是：能胜强大敌人的人，首先是能够战胜自己弱点的人。所有的自强者都有一个共同的特点，那便是为人生的理想执著追求。他们在确定了目标后，会不屈不挠地坚持，矢志不移地奋斗，直到成功。

每个人都有自己的弱点，有人不爱思索，有人马虎大意，有的懒惰、怕吃苦，有的缺乏耐心，这些弱点往往都会给自己带来致命的伤害。而强者正是能够充分认识到这些不足，并努力改正和克服掉它们。

积极是时代给我们提出的要求，只有积极进取，勇于克服困难，敢于战胜自己，不断地为目标而努力，才能跟上时代的脚步。

心灵箴言

过去属于死神，未来属于你自己。

——[英] 雪莱

老骥伏枥，志在千里；烈士暮年，壮心不已。

——曹操

你明白，人的一生，既不是人们想象的那么好，也不是那么坏。

——[法] 莫泊桑

培养积极的心态

故事话题

有两个秀才一起去赶考，路上他们遇到了一支出殡的队伍。看到那一口黑乎乎的棺材，其中一个秀才心里立即“咯登”一下，凉了半截，心想：完了，真触霉头，赶考的日子居然碰到这个倒霉的棺材。于是，心情一落千丈，走进考场，那个“黑乎乎的棺材”一直挥之不去，结果，文思枯竭，果然名落孙山。

另一个秀才也同时看到了，一开始心里也“咯登”了一下，但转念一想：棺材，棺材，噢！那不就是有“官”又有“财”吗？好，好兆头，看来今天我要鸿运当头了，一定高中。于是心里十分兴奋，情绪高涨，走进考场，文思如泉涌，果然一举高中。

回到家里，两人都对家人说：那“棺材”真的好灵。

故事解析

第一个秀才之所以落得个名落孙山的结果，是因为他考场上文思枯竭，而文思枯竭是因为情绪不好，情绪不好又是因为他看到令他感到“触霉头”的棺材。而另一个秀才之所以金榜题名，是因为他考场上文思泉涌，而文思泉涌是因为情绪高涨，情绪高涨又是因为看到令他感到“好兆头”的棺材。

这两个秀才能在现实生活中找到活脱脱的例子，比如有人会因为失败而“上天台”跳楼，也有人会因为战胜失败而成就一番更大的事业；有人会因为对手强大而畏惧，也有人会因为挑战巨人而使自己快速成为巨人；有人会因为生活不幸福而埋怨社会，甚至仇视他人，走上犯罪之路，也有人因为生活不幸福而加倍努力，最终让自己获得美满的人生；有人会因为受不了上司的严厉而跳槽走人，也有人会因为“严师出高徒”而使自己能胜任更复杂的工作，最后不断晋升到高位。

这些例子充分说明了一点：对于同一客观事物，你的思考方式决定了你的看法；而你的看法，则决定了会得到什么样的结果。

对事物的看法，没有绝对的对错之分，但有积极与消极之分，而且每个人都必定要为自己的看法承担最后的结果。

故事穿越

有一个年轻人去买碗，来到店里他顺手拿起一只碗，然后依次与其他碗轻轻碰击，碗与碗之间相碰时立即发出沉闷、浑浊的声响，他失望地摇摇头。然后去试下一只碗……

他几乎挑遍了店里所有的碗，竟然没有一只满意的，就连老板捧出的自认为是店里碗中精品也被他摇着头失望地放回去了。

老板很是纳闷，问他老是拿手中的这只碗去碰别的碗是什么意思？

他得意地告诉老板，这是一位长者告诉他的挑碗的诀窍，当一只碗与另一只碗轻轻碰撞时，发出清脆、悦耳声响的，一定是只好碗。

老板恍然大悟，拿起一只碗递给他，笑着说：“小伙子，你拿这只碗去试试，保管你能挑中自己心仪的碗。”

他半信半疑地依言行事。奇怪！他手里拿着的每一只碗都在轻轻地

碰撞下发出清脆的声响，他不明白这是怎么回事，惊讶地问老板施了什么魔法。

老板笑着说，道理很简单，你刚才拿来试碗的那只碗本身就是一只次品，你用它试碗那声音必然浑浊，你想得到一只好碗，首先要保证自己拿的那只也是只好碗……

故事微语

就像一只碗与另一只碗的碰撞一样，一颗心与另一颗心的碰撞需要付出真诚才能发出清脆悦耳的响声。自己带着猜忌、怀疑甚至戒备之心与人相处，也难免会得到别人的猜忌与怀疑。

心灵箴言

善恶只在一念之间，悲欢贫富亦复如此。

——[英] 斯宾塞

我要微笑着面对整个世界，当我微笑的时候全世界都在对我笑。

——[美] 乔吉拉德

积极的心态，包含触及内心的每件事情——荣誉、自尊、怜悯、公正、勇气与爱。

——[美] 福克纳

主动才有收获

故事话题

两个青年到一家公司求职，经理把第一位求职者叫到办公室，问道：“你觉得你原来的公司怎么样？”

求职者面色阴郁地答道：“唉，那里糟透了。同事们尔虞我诈，勾心斗角；部门经理粗野蛮横，以势压人，整个公司暮气沉沉，生活在那里令人感到十分压抑，所以我想换个理想的地方。”

“我们这里恐怕不是你理想的乐土。”经理说，于是这个年轻人满面愁容地走了出去。

第二个求职者也被问到这个问题，他答道：“我们那儿挺好，同事们待人热情，乐于互助；经理们平易近人，关心下属。整个公司气氛融洽，生活得十分愉快。如果不是想发挥我的特长，我真不想离开那儿。”

“你被录取了。”经理笑吟吟地说。

故事解析

人类之所以是万物之灵，是因为我们有着独立自主的意识，因为这种意识的存在，因此我们可以客观地检讨我们是如何看待自己的。但是在现代社会，这种自觉意识却被压抑了，我们总是被别人的看法所左右，只会依照时下流行的价值观以及四周人群的看法来衡量自己，而不曾认识到那样的自己就是从哈哈镜里反射出来的自己。

不要太过于在意自己的眼光，人性中有着宝贵的一面，那便是选择的自由和独立的意志，因为这两种人性的存在，我们得以用积极主动的行为来追求美满的人生，这也是人类生存的意义之一。

实际上，“积极主动”的涵义并不仅限于采取主动，还代表人必须为自己负责。因为个人行为取决于自身，而非外在环境；理智可以战胜感情；人有能力也有责任创造有利的外在环境。

积极主动是人类的天性，如果不是你的天性，那么说明你已经在有意无意间选择消极被动了。消极被动是一种亚健康的情感，消极被动的人容易被自然环境所左右，在秋高气爽的时节里，兴高采烈；在阴霾晦暗的日子，就无精打采。而积极主动的人呢，心中自有一片天地，天气的变化不会发生太大的作用，自身的原则、价值观才是关键。只要认准了心目中的目标，即使天气再坏，依然不改初衷。

故事穿越

日本有个水泥大王叫浅野一郎。年轻的时候，只身一个人来到东京谋生。他身无分文，但当他看到东京的街头有人在卖水时，非常的高兴：东京真是个好地方，连水都能卖钱，看来我浅野要活下去不会成问题。

可是，每天来到东京的人无数，也有不少人在想：东京真是个鬼地方，连水都要钱，看来我活下去很困难。

“连水都能卖钱”和“连水都还要钱”是不是两种完全不同的态度？态度不同，结果就会两样。孰胜孰负，是否一目了然？

故事微语

美国小罗斯福总统的夫人曾说：“除非你同意，否则任何人都不能伤害你。”圣雄甘地也说过：“若非拱手让人，任何人都无法剥夺我们的自尊。”因此，令人受害最深的不是悲惨的遭遇，而是“默许”那些遭遇发生在自己的身上，即那些消极被动的人。

积极主动的人理智重于情感，他们会经过审慎思考选定自己的原则、价值观，作为行为的原动力。他们与感情用事、陷溺于环境而无法自拔的人截然不同。因此他们更坚强，更强大，也更容易获得成功。

心灵箴言

时代的落伍者才是最可怜的。

——李大钊

我是江南第一燕，为衔春色上分梢。

——瞿秋白

我很早就希望中国人站出来，对于中国的社会、文明，都毫无忌惮地加以批评。

——鲁迅

心灵榜样微史话

罗斯福

富兰克林·罗斯福（1882 年 1 月 30 日—1945 年 4 月 12 日）美国第 32 任总统，美国历史上唯一蝉联四届的总统，美国迄今为止在任时间最长的总统。美国历史上最伟大的三位总统之一，同华盛顿、林肯齐名。

在 1930 年代经济大萧条期间，罗斯福推行新政以提供失业救济与复苏经济，并成立如公共事业振兴署（WPA）、国家复兴管理局（NRA）和农业调整管理局（AAA）等机构来改革经济和银行体系。虽然直到第二次世界大战爆发为止，美国的经济仍未能完全复苏，但是他所发起的一些计划，如联邦存款保险公司（FDIC）、田纳西河谷管理局（TVA）以及证券交易委员会（SEC）等，仍继续在国家的商贸中扮演重要角色。除此之外，在其任内设立的一些制度，包括社会安全系统和全国劳资关系委员会（NLRB）等等，仍然保留至今。

罗斯福曾促成了政党重组，大胆地利用联邦政府导致新政联盟的建立，政治学家称之为“第五政党制度”。该联盟主导了民主党近半个世纪，直到 20 世纪 60 年代末。罗斯福推出的新税种，影响到所有的收入群体。虽受保守主义人士的强烈反击，但罗斯福仍常占优势，直到他在 1937 年试图打发走最高法院。他与其妻埃莉诺·罗斯福至今仍是美国现代自由主义的典范。罗斯福政府重新定义了自由主义，并根据他的新政联盟重组了民主党。

美国在线曾于 2005 年举办票选活动——《最伟大的美国人》，富兰克林·德拉诺·罗斯福被选为美国最伟大的人物中的第十位。

斯大林

约瑟夫·维萨里奥诺维奇·斯大林，前苏联共产党中央总书记、苏联部长会议主席、苏联大元帅，是在前苏联执政时间最长（1924—

1953）的最高领导人。

斯大林在任期间，全力进行社会主义工业化和农业集体化，使苏联成为重工业和军事大国，但同时也导致了乌克兰大饥荒，他还发动了大清洗的“肃反运动”。第二次世界大战中领导苏联红军，与盟军协力击败轴心国。战后他扶植了社会主义阵营，在冷战中与以美国为首的北约对峙。1953 年 3 月 5 日因脑溢血去世。著有《斯大林全集》。

2008 年，俄罗斯国家电视台举行了一次“最伟大的俄罗斯人”的评选活动，斯大林高居第三（四至六位分别是普希金、彼得大帝、列宁），仅次于亚历山大·涅夫斯基和斯托雷平。

撒切尔夫人

玛格丽特·希尔达·撒切尔，英国右翼政治家，第 49 任英国首相，1979—1990 年在任，她是至今为止英国唯一一位女首相，也是自 19 世纪初利物浦伯爵以来连任时间最长的英国首相。她的政治哲学与政策主张被通称为“撒切尔主义”，在任首相期间，对英国的经济、社会与文化面貌作出了既深且广的改变。在担任首相前后高姿态地反对共产主义，而被前苏联媒体戏称为“铁娘子”，这个绰号甚至已成为了她的主要标志。

大卫·洛克菲勒

大卫·洛克菲勒是洛克菲勒家族的第三代，是兄弟中最小的一个，也是最出色能干的一个。他的事业不在石油上，而在大名鼎鼎、位列世界十大银行第六位的曼哈顿银行上。他任该银行执行委员会主席兼总经理以后，使该银行从资金 20 亿美元上升到资产净值达 34 亿美元。

巴甫洛夫

巴甫洛夫·伊凡·彼德洛维奇（1849—1936），俄国生理学家、心理学家、医师、高级神经活动学说的创始人，高级神经活动生理学的奠基人，条件反射理论的建构者，也是传统心理学领域之外而对心理学发展影响最大的人物之一，曾荣获诺贝尔生理学或医学奖。

巴甫洛夫在学术上的贡献，主要在于 3 方面：

1.心脏的神经功能；

2.消化腺的生理机制（获诺贝尔奖）；

3.条件反射研究。

对以后心理学发展影响最大的是由他的条件反射研究所演变成的经典条件作用学习理论。

在生命的最后一刻，巴甫洛夫一直密切注视着越来越糟糕的身体情况，不断地向坐在身边的助手口授生命衰变的感觉，他要为一生至爱的科学事业留下更多的感性材料。

对于人们的关心、探望，他只好不近人情地加以拒绝：“巴甫洛夫很忙……巴甫洛夫正在死亡。”

苏秦

苏秦（前 337—前 284），字季子，雒阳（今河南洛阳）人，战国时期著名的纵横家、外交家和谋略家。

苏秦师从鬼谷子，学成后，外出游历多年，潦倒而归。随后刻苦攻读《阴符》，一年后游说列国，被燕文公赏识，出使赵国。苏秦到赵国后，提出合纵六国以抗秦的战略思想，并最终组建合纵联盟，任“从约长”，兼佩六国相印，使秦 15 年不敢出函谷关。联盟解散后，齐国攻打燕国，苏秦说齐归还燕国城池。后自燕至齐，从事反间活动，被齐国任为客卿，齐国众大夫因争宠派人刺杀，苏秦死前献策诛杀了刺客。

夫差

夫差，姬姓，吴氏，春秋时期吴国末代国君，阖闾之子，前 495—前 473 年在位。前 494 年于夫椒之战大败越国，攻破越都（今浙江绍兴），使越屈服。此后，又于艾陵之战打败齐国，全歼 10 万齐军。前 482 年，于黄池之会与中原诸侯歃血为盟。

夫差执政时期，吴国极其好战，连年兴师动众，造成国力空虚。勾践不忘会稽之耻，国力逐渐恢复。趁夫差举全国之力赴黄池之会时，率越军乘虚而入，并杀死吴太子。夫差与晋争霸成功，夺得霸主地位后匆匆赶回。前 473 年，越再次兴兵，终灭吴国，夫差自刎。

勾践

越王勾践（约前520—前465），春秋末年越国国君，姒姓，名勾践，又名鸠浅、菼执，夏禹后裔，越王允常之子。前496年即位，曾败于吴国，被迫投降。并随夫差至吴国，臣事吴王。后被放归返国，重用范蠡、文种，卧薪尝胆使越国国力渐渐恢复起来。

前482年，吴王夫差为参加黄池之会，尽率精锐而出，仅使太子和老弱守国。越王勾践遂乘虚而入，大败吴师。夫差仓促与晋国定盟而返，连战不利，不得已而与越议和。前473年迫使夫差自尽，灭吴国称霸，是春秋战国时期最后一位霸主。

诸葛亮

诸葛亮（181—234），字孔明，号卧龙（也作伏龙），汉族，徐州琅琊阳都（今山东临沂市沂南县）人，三国时期蜀汉丞相，杰出的政治家、军事家、散文家、书法家、发明家。在世时被封为武乡侯，死后追谥忠武侯，东晋政权因其军事才能特追封他为武兴王。

其散文代表作有《出师表》《诫子书》等。曾发明木牛流马、孔明灯等，并改造连弩，叫作诸葛连弩，可一弩十矢俱发。于建兴十二年（234）在五丈原（今宝鸡岐山境内）逝世。

刘禅追谥其为忠武侯，故后世常以武侯、诸葛武侯尊称诸葛亮。诸葛亮一生“鞠躬尽瘁、死而后已”，是中国传统文化中忠臣与智者的代表人物。

司马懿

司马懿（179—251），字仲达，汉族，河内郡温县孝敬里（今河南焦作市温县）人。三国时期魏国杰出的政治家、军事家，西晋王朝的奠基人。曾任职过曹魏的大都督、大将军、太尉、太傅。是辅佐了魏国四代的托孤辅政之重臣，后期成为掌控魏国朝政的权臣。善谋奇策，多次征伐有功，其中最显著的功绩是两次率大军成功对抗诸葛亮北伐和远征平定辽东。对屯田、水利等农耕经济发展有重要贡献。73岁去世，辞郡公和殊礼，葬于首阳山。谥号“宣文”；次子司马昭封晋王后，追封司马懿为宣王；司马炎称帝后，追尊司马懿为宣皇帝。

心灵修养用语微解

困境：困难的处境。

付出：交出（款项或代价）；支付，支出；付出辛勤的劳动。

畏惧：指害怕。语出《战国策·秦策一》：“朞年之后，道不拾遗，民不妄取，兵革大强，诸侯畏惧。”

绝望：表示没希望。一般指对某种事物完全失去了信心。 往往经历了多次的失败，失去自信心，多次的背叛，导致最终的绝望。

奉献：“奉”，即“捧”，意思是“给、献给”；“献”，原意为“献祭”，指“把实物或意见等恭敬庄严地送给集体或尊敬的人”。两个字和起来，奉献，就是“恭敬地交付，呈献”。

主见：自己对事物的确定的意见或见解。人要忠于自己，不必老是顾虑别人的想法，或总是想要取悦他人。生命可贵之处就在于按自己的想法生活，做你自己。为自己而做，为自己的梦想而活，为自己的快乐而活，好好为自己生活。

懒惰：懒惰是一种心理上的厌倦情绪。它的表现形式多种多样，包括极端的懒散状态和轻微的犹豫不决。生气、羞怯、嫉妒、嫌恶等都会引起懒惰，使人无法按照自己的愿望进行活动。同学们当中有些人的懒惰突出表现在日常学习、日常生活方面。

求真务实：所谓“求真”，就是“求是”，也就是依据解放思想、实事求是、与时俱进的思想路线，去不断地认识事物的本质，把握事物的规律。所谓“务实”，则是要在这种规律性认识的指导下，去做、去实践